大数据时代分布式数据库原理与技术应用

李瑞华 著

U0340586

河北科学技术出版社

图书在版编目（CIP）数据

大数据时代分布式数据库原理与技术应用 / 李瑞华
著. -- 石家庄：河北科学技术出版社，2024.6
ISBN 978-7-5717-2093-3

Ⅰ. ①大… Ⅱ. ①李… Ⅲ. ①分布式数据库 Ⅳ.
①TP311.133.1

中国国家版本馆CIP数据核字(2024)第105815号

大数据时代分布式数据库原理与技术应用
DASHUJU SHIDAI FENBUSHI SHUJUKU YUANLI YU JISHU YINGYONG
李瑞华　著

责任编辑：	张　健
责任校对：	王　宇
美术编辑：	张　帆
封面设计：	皓　月
出　　版：	河北科学技术出版社
地　　址：	石家庄友谊北大街 330 号（邮政编码：050061）
印　　刷：	三河市嵩川印刷有限公司
经　　销：	新华书店
开　　本：	710mm×1000mm 1/16
印　　张：	12.25
字　　数：	230千字
版　　次：	2024 年 6 月第 1 版　2024 年 6 月第 1 次印刷
书　　号：	978-7-5717-2093-3
定　　价：	68.00 元

前 言

分布式系统对用户看起来像是普通系统，然而它是运行在一系列自治处理单元上的系统，每个处理单元有各自的存储器空间并且消息的传播延迟不能忽略不计。这些处理单元间有紧密的合作，须支持任意数量的进程，合乎处理单元的动态扩展。在现实条件下，分布式系统多种多样并涉及不同的系统体系结构，分布式系统设计原理则是在抽象层次上描述如何设计一个高效的分布式应用系统，因此建立在抽象层次之上的分布式系统设计原理所涉及的理论与算法是分布式系统设计的关键所在。

大数据应用是近年来数据库技术的新需求，而高性能计算和云计算技术的飞速发展，使这类应用成为可能。随着技术的发展，大数据广泛存在，如 Web 数据、移动数据、社交网络数据、电子商务数据、企业数据、科学数据等，并且各行各业都期望得益于大数据中蕴含的有价值的知识。为此，出现了支持大数据管理和分析的技术，并推出了许多关系云系统和多存储结构的大数据库系统等。支持大数据库管理的基础理论和技术，典型代表是以经典的分布式数据库理论和技术为基础的扩展研究，满足大数据处理的实时性、高性能和可扩展性等需求。

本书属于数据库方面的著作，基于大数据时代分布式数据库相关的基础内容，对分布式数据库系统的主要结构组成、大数据时代分布式数据库的设计策略、分布式数据库的查询处理及存取技术、分布式数据库的恢复管理与可靠性进行了深入探讨，以发展的眼光透视了分布式数据库的数据复制与一致性问题、分布式数据库的并发控制原理与技术分析、大数据时代分布式数据库系统研究的新进展。本书涵盖全面，始终体现以知识为基础、以问题为导向、以运用为目的的编写原则，阐释深入，逻辑严谨，既有理论深度，又有示范作用，内容具体直观，可供相关领域教师、研究人员参考，对此领域感兴趣的读者也可以阅读。

在编写过程中，我们参考了大量的书籍和有关论著，在此一并表示感谢。由于时间仓促，水平有限，书中难免存在一些不足之处，望读者批评指正，使本书日臻完美。

目 录

第一章
大数据时代分布式数据库概论

随着应用数据规模的急剧增加，传统数据库系统面临严峻的挑战，它难以提供足够的存储和计算资源进行处理。"大数据技术是从各种类型的海量数据中快速获得有价值信息的技术。大数据技术要面对的基本问题，也是最核心的问题，就是海量数据如何可靠存储和如何高效计算的问题。"数据库作为计算机系统的重要组成部分，开始于 20 世纪 60 年代后期，20 世纪 70 年代发展趋于成熟。这期间数据库的整套理论逐渐形成并取得了大量的实践成果。因此，对于计算机技术来讲，有人说 20 世纪 70 年代是数据库时代。随着计算机网络的发展，传统的集中式数据库已不能满足人们对于在物理上分散存放的数据库的应用要求，因而提出了分布式数据问题。分布式数据库是随着计算机网络的发展而形成的新型数据组织形式。分布式数据库旨在按照统一观点，把数据分布在不同的节点，而又能通过网络互相存取，它是统一性与自治性的完美结合。

第一节　大数据技术生态圈及其新发展

当前正处于大数据时代。从气温、土壤到机票、股价，从身高、体重到微博、微信，从血糖、血脂到基因、蛋白质，数据正以史无前例的速度在人们身边滋生蔓延。鉴于其海量、多样、高速与价值稀疏性，如何有效发现隐藏在数据背后的知识，或者"让数据说话"，是大数据时代的鲜明主题。把数据比作生命，可以根据其衍生、传播、转储、运行、展现与回收等不同阶段，兼顾数据特征与业务要求，分别研发处理工具，对其进行有多级反馈的流水处理。该系统内含多个模块，模块间相互影响、彼此制约，在平衡中完成数据治理，可谓大数据生态系统。

一、大数据技术生态圈

数据分析的经典做法是：将数据分析软件单独部署在专用机器上，通过网络把数据从数据库中取来进行分析。在大数据环境下，这种经典方式已经不再可行，满足不了大数据处理的需求。其原因是：要长距离实现数据的大流量运输很难。解决该问题的办法是：把数据分析软件部署到数据库机器上，进行就近处理。这样，数据分析就由集中式模式变成了分布式模式。这种变革导致了原有编程模式和架构在大数据环境下不再可行，必须为大数据处理提供新的数据处理模式，构建大数据处理架构。在这种背景下，MAP/REDUCE 模式应运而生，Hadoop 和 Spark 等大数据处理平台也应运而生。

（一）Hadoop 生态圈

狭义的 Hadoop 是一个适合大数据分布式存储和分布式计算的平台，包括 HDFS、MapReduce 和 YARN。

广义的 Hadoop 是以 Hadoop 为基础的生态系统，是一个很庞大的体系，Hadoop 是其中最重要、最基础的一个部分；生态系统中的每个子系统只负责解决某一个特定的问题域（甚至可能更窄），不是一个全能系统而是小而精的多个小系统。

1. HDFS

Hadoop 分布式文件系统（HDFS）是一种可以在低成本计算机硬件上运行的高容错性分布式文件系统。HDFS 提供对应用程序数据的高吞吐量访问，并且适用于具有大数据集的应用程序。它与现有的分布式文件系统有许多相似之处，但也存在一些很明显的区别，这就是：HDFS 放宽了一些可移植操作系统接口（POSIX）的要求，以实现对文件系统数据的流式访问。HDFS 最初是作为 Apache Nutch Web 搜索引擎项目的基础结构而构建，目前 HDFS 已经成为 Apache Hadoop 核心项目的一部分。

2. MapReduce

MapReduce 是一款以可靠、容错的方式并行处理大型硬件集群（数千个节点）中大量数据（多 TB 数据集）的软件框架。"Map"（映射）和"Reduce"（简化）的概念以及其主要思想都是从函数式编程语言借用来的。这极大方便了编程人员在不会分布式并行编程的情况下，将自己的程序运行在分布式系统上。其中 Map 对数据集上的独立元素进行指定的操作，生成"键_值"对形式中间结果。Reduce 则对中间结果中相同"键"的所有"值"进行规约，以得到最终结果。MapReduce 这样的功能划分，非常适合在大量计算机组成的分布式并行环境里进行数据处理。

MapReduce 框架是由一个单独运行在主节点的 JobTracker 和运行在每个集群从节点的 TaskTracker 共同组成的。主节点负责调度构成一个作业的所有任务，这些任务分布在不同的从节点上。主节点监控它们的执行情况，并且重新执行之前失败的任务；从节点仅负责完成主节点指派的任务。当一个 Job 被提交时，JobTracker 接收到提交作业和其配置信息之后，就会将配置信息等分发给从节点，同时调度任务并监控 TaskTracker 的执行。

HDFS 和 MapReduce 共同组成了 Hadoop 分布式系统体系结构的核心内容。HDFS 在集群上实现了分布式文件系统，MapReduce 在任务处理过程中提供了对文件操作和存储等的支持，MapReduce 在 HDFS 的基础上实现了任务的分发、跟踪、执行等工作，二者相互作用完成 Hadoop 分布式集群的主要任务。

3. YARN

YARN 是 Yet Another Resource Negotiator 的缩写。YARN 是一个分布式资源管理软件，也可叫作分布式进程管理器，为分布式应用程序在集群上运行提供支撑。集群中的每台机器上都运行 YARN 的 NodeManager 软件，负责本地机器上的进程管理，其中包括创建进程、给进程分配 CPU 资源、内存资源、磁盘空间以及运行程序、释放进程等内容。YARN 的 ResourceManager 软件充当管理者的角色。在用户看来，ResourceManager 与 NodeManager 没有差异，就如 DDBMS 与 DBMS 没有差异一样。在用户看来，ResourceManager 就如台式机上的资源管理器程序。当用户要在集群上运行一个分布式应用程序的时候，便将其提交给 ResourceManager 去运行。用户提交的分布式应用程序同样也有管理者角色和成员角色两个部分，通常被称作 Application Master 和 Application Worker。ResourceManager 会先安排某个 NodeManager 来运行 Application Master。Application Master 运行后，会调用资源请求接口，申请资源来运行 Application Worker。

4. ZooKeeper

ZooKeeper 是一个为分布式应用设计的开源协调服务。它可以为用户提供同步、配置、管理、分组和命名等服务。用户可以使用 ZooKeeper 提供的接口方便地实现一致性、组管理等协议。ZooKeeper 提供了一种易于编程的环境，它的文件系统使用了目录树结构。ZooKeeper 是使用 Java 编写的，但是它支持 Java 和 C 两种编程语言接口。

分布式应用程序使用的情况有很多，例如维护配置信息与命名、提供分布式同步、提供组服务等。协调服务会进行很多工作来修复不可避免的错误和竞争条件，例如协调服务很容易出现死锁的状态。即使每个服务部署正确，这些服务的不同实现也会导致管理复杂。因此，ZooKeeper 的设计目的是减轻分布式应用程序所承担的协调任务。

5．HBase

HBase 是一个分布式的、面向列的开源数据库，它参考了 Google 的 BigTable 建模进行开源实现，实现的编程语言为 Java。HBase 是 Apache 软件基金会的 Hadoop 项目的一个子项目，运行于 HDFS 文件系统之上，为 Hadoop 提供了类似于 BigTable 规模的服务。因此，它可以容错地存储海量稀疏的数据。

HBase 是一个高可靠、高性能、面向列、可伸缩的分布式数据库，主要用来存储非结构化和半结构化的松散数据。HBase 的目标是对大数据进行随机处理与实时读写访问，它利用廉价计算机集群处理由超过 10 亿行数据和数百万列元素组成的数据表。

6．Hive

基于 Hadoop，现已开发出了许多分布式应用程序，例如分布式数据分析软件 Hive。Hive 对 HDFS 进行了包装，为其加上了一层外衣，把文件变成了数据库。Hive 对外提供数据库查询和分析接口。从用户角度来看，Hive 是一个数据库。不过要注意的是：要把文件变成数据库是有前提条件的，那就是文件中存储的内容是结构化数据。Hive 只是给存储结构化数据的文件加上了一层外衣，使其对外具有数据库的形貌。Hive 不是一个严格意义上的数据库管理系统，它不具有数据完整性控制功能，也不具有事务管理与故障恢复功能。

Hive 只是一个分布式数据分析工具软件而已，为用户提供数据库视图、数据分析接口。对被分析的数据，Hive 并不提供添加和修改功能。其理由是：被分析的数据是由专门的业务系统产生并维护，Hive 不能对其插手，以免影响业务系统的正常运行。

7．Pig

Apache Pig 是一个用于分析大型数据集的平台，该平台包含用于表示数据分析程序的高级语言以及用于评估这些程序的基础结构。Pig 程序的显著特性是：它的结构适用于并行化，从而使其能够处理非常大的数据集。

要编写数据分析程序，Pig 提供了一种称为 Pig Latin 的高级语言。该语言提供了各种操作符，程序员可以利用它们开发自己的用于读取、写入和处理数据的功能。

要使用 Pig 分析数据，程序员需要使用 Pig Latin 语言编写脚本。所有这些脚本都在内部转换为 Map 和 Reduce 任务。Apache Pig 项目中有一个名为"Pig 引擎"的组件，它接受 Pig Latin 脚本作为输入，并将这些脚本转换为 MapReduce 作业。

（二）Spark 生态圈及其发展

作为大数据计算引擎，Spark 同样有自己的生态圈，包括用于 SQL 和结构化数据处理的 Spark SQL、用于机器学习的 MLlib、用于图像处理的 GraphX 和流处理的 Spark Streaming。这些子项目在 Spark 上层提供了更高层、更丰富的计算范式。

Spark 是整个 BDAS 的核心组件，是一个大数据分布式编程框架，不仅实现了 MapReduce 的算子 map 函数和 reduce 函数及计算模型，还提供了更为丰富的算子，如 filter、join、groupByKey 等。Spark 将分布式数据抽象为弹性分布式数据集（RDD），实现了应用任务调度、RPC、序列化和压缩，并为运行在其上的上层组件提供 API。其底层采用 Scala 这种函数式语言书写而成，并且所提供的 API 深度借鉴了 Scala 函数式的编程思想，提供与 Scala 类似的编程接口。

Spark 将数据在分布式环境下分区，然后将作业转化为有向无环图（DAG），并分阶段进行 DAG 的调度和任务的分布式并行处理。

Shark 是构建在 Spark 和 Hive 基础之上的数据仓库。目前，Shark 已经完成学术使命，终止开发，但其架构和原理仍具有借鉴意义。它提供了能够查询 Hive 中所存储数据的一套 SQL 接口，兼容现有的 Hive QL 语法。这样，熟悉 Hive QL 或者 SQL 的用户可以基于 Shark 进行快速的 Ad-Hoc、Reporting 等类型的 SQL 查询。Shark 底层复用 Hive 的解析器、优化器以及元数据存储和序列化接口。Shark 会将 Hive QL 编译转化为一组 Spark 任务，进行分布式运算。

1. Spark SQL

Spark SQL 提供在大数据上的 SQL 查询功能，类似于 Shark 在整个生态系统的角色，它们可以统称为 SQL on Spark。之前，Shark 的查询编译和优化器依赖于 Hive，使得 Shark 不得不维护一套 Hive 分支，而 SparkSQL 使用 Catalyst 做查询解析和优化器，并在底层使用 Spark 作为执行引擎实现 SQL 的 Operator。用户可以在 Spark 上直接书写 SQL，相当于为 Spark 扩充了一套 SQL 算子，这无疑更加丰富了 Spark 的算子和功能，同时 Spark SQL 不断兼容不同的持久化存储（如 HDFS、Hive 等），为其发展奠定了广阔的空间。

2. Spark Streaming

Spark Streaming 通过将流数据按指定时间片累积为 RDD，然后将每个 RDD 进行批处理，进而实现大规模的流数据处理。其吞吐量能够超越现有主流处理框架 Storm，并提供丰富的 API 用于流数据计算。

3. GraphX

GraphX 基于 BSP 模型，在 Spark 之上封装类似 Pregel 的接口，进行大规模同步全局的图计算，尤其是当用户进行多轮迭代时，基于 Spark 内存计算的优势尤为明显。

4. Tachyon

Tachyon 是一个分布式内存文件系统，可以理解为内存中的 HDFS。为了提供更高的性能，将数据存储剥离 Java Heap。用户可以基于 Tachyon 实现 RDD 或者文件的跨应用共享，并提供高容错机制，保证数据的可靠性。

5. Mesos

Mesos 是一个资源管理框架，提供类似于 YARN 的功能。用户可以在其中插件式地运行 Spark、MapReduce、Tez 等计算框架的任务。Mesos 会对资源和任务进行隔离，并实现高效的资源任务调度。（注：Spark 自带的资源管理框架是 Standalone）

6. BlinkDB

BlinkDB 是一个用于在海量数据上进行交互式 SQL 的近似查询引擎。它允许用户通过在查询准确性和查询响应时间之间做出权衡，完成近似查询。其数据的精度被控制在允许的误差范围内。为了达到这个目标，BlinkDB 的核心思想是：通过一个自适应优化框架，随着时间的推移，从原始数据建立并维护一组多维样本；通过一个动态样本选择策略，选择一个适当大小的示例，然后基于查询的准确性和响应时间满足用户查询需求。

二、大数据技术的新发展

大数据时代的来临，标志着一个新时代的开启。在互联网时代，互联网技术推动了数据的发展，而当数据的价值不断凸显后，大数据时代也随之开启。在大数据时代，数据将推动技术的进步。大数据在改变社会经济生活模式的同时，也在潜移默化地影响了每个人的行为和思维方式。作为一个新兴的领域，大数据虽然仍处于起步阶段，但是在相关的采集、存储、处理和传输等基础性技术领域中已经取得了显著的突破，涌现出大量的新技术。未来，大数据技术的发展趋势无疑是多元化的。下面将从数据资源化、数据处理引擎专用化、数据处理实时化以及数据可视化这四个比较显著的方面来阐述大数据技术的未来发展趋势。

（一）数据资源化

随着大数据技术的飞速发展，数据的潜在价值不断凸显，大数据的价值得到了充分体现。大数据在企业、社会乃至国家层面的战略地位不断上升，数据成为新的制高点。数据资源化，即大数据在企业、社会和国家层面成为重要的战略资源。大数据中蕴藏着难以估量的价值，掌握大数据就意味着掌握了新的资源。大数据的价值来自数据本身、技术和思维，而其核心就是数据资源。数据已经成为一种新的经济资产类别，就像黄金和货币一样。通过整合分析，不同领域甚至不相关的数据集可以创造出更多的价值。而在今后，大数据将成为政府、社会和企业的一种资产，掌控大数据资源后，企业就可以通过出租和转让数据使用权来获得巨大的利益。国内的互联网企业如腾讯、阿里巴巴、百度等，以及国外的互联网企业如亚马逊、谷歌、Facebook等，都不断地抢占大数据的资源点，并运用大数据技术创造各自的商业财富。

大数据的数据资源化早在大数据开始崛起之际就成为主流趋势，但是由于数据开放、共享以及整合上的各种环境和技术的限制，依然有很大的提升空间。更加完善、高效的数据资源化技术不仅可以极大提高数据本身蕴藏的潜在价值，还能进一步推动大数据的研究和分析应用的发展。

（二）数据处理引擎专用化

传统上的数据分析和数据存储主要针对结构化数据进行设计和优化的，这已经形成了一套高效、完善的处理体系。但是大数据不仅在数据规模上要远比传统数据大，而且数据类型异构程度极高，由原来的以结构化数据为主的相对单一的数据类型转向融合了结构化、半结构化、非结构化数据的异构数据类型，无论是在数据分析方面还是在数据存储方面，传统的数据处理引擎已经无法很好地适应大数据的处理。

数据处理引擎专用化，即摆脱传统的通用体系，根据大数据的基本特征，设计趋向大数据专用化数据处理引擎架构。大数据的专用化处理引擎的实现可以在很大程度上提高大数据的处理效率，同时降低成本。目前，比较成熟的大数据处理引擎架构主要是 MapReduce 和 Hadoop，也是当前大数据分析技术的主流。但是 MapReduce 和 Hadoop 在应用性能等方面仍然存在不少问题，因此国内外的互联网企业都在不断加大力度研发低成本、大规模、强扩展、高通量的大数据通用的专用化系统。

（三）数据处理实时化

在很多领域和应用场景，比如证券投资市场等，数据的价值会随着时间的流逝而衰减，因此对数据处理的实时性有较大的要求。在大数据的背景下，更多的领域和应用场景的数据处理开始由原本的离线转向在线，大数据处理的实时化也开始受到关注。大数据处理的实时化，旨在将 PB 级数据的处理时间缩短到秒级，这对大数据的整个采集、存储、处理和传输基本流程的各个环节都提出了严峻的挑战。

实时数据处理已经成为大数据分析的核心发展趋势，而当前也已经有很多围绕该趋势展开的研究工作。目前的实时数据处理研究成果包括了实时流处理模式，实时批处理模式以及两者的结合应用。但是上述的研究成果都不具备通用性，在不同的应用场景中往往需要根据实际需求进行相应的改造才能使用。

（四）数据可视化

大数据技术的普及以及在各个行业领域的广泛应用使得大数据逐渐渗透到人们生活的各个方面，复杂的大数据工具往往会限制普通人从大数据中获取知识的能力，所以大数据的易用性也是大数据发展和普及的一个巨大挑战，大数据的可视化原则正是为了应对这一挑战提出的。可视化是通过将复杂的数据转化为可以交互的、简单易懂的图像，帮助用户更好地理解分析数据。在大多数人机交互应用场景中，可视化是最基本的用户体验需求，也是最佳的结果展示方法之一。在大数据应用场景中，数据本身乃至分析得出的数据都可能是混杂的，无法直接辅助用户进行决策，只有将分析后的数据以友好的方式展现给用户，才能真正加以利用。

数据可视化技术可以在很大程度上拉近大数据和普通民众的距离，是大数据真正走向社会、进入人们日常生活的必由之路，具有极大意义。作为人和数据之间的交互平台，可视化结合数据分析处理技术，可以帮助普通用户理解分析庞大、复杂的数据，使大数据能够让更多的人理解，被更广泛的人群使用。同时，借助可视化技术人们可以主动分析处理与个人相关的工作、生活等数据，进一步促进大数据的发展和普及。

除了上述四种技术在基础层面上的发展趋势外，大数据的各个环节也都不断有新技术的涌现，所以大数据的发展趋势是多元化的。在未来，大数据与云技术结合将更加深入，包括使用云计算平台进行数据分析计算以及依托于云存储平台进行数据存储。大数据处理平台也将走向多样化，从单一的 Hadoop 到后面一系列的诸如 Spark、Storm 等大数据平台，乃至未来更加高效的新的大数据平台，从而不断扩大大数据技术的生态环境。同时，随着数据的价值不断被挖掘，数据科学也将成为一门新的学科，并在数据层面形成基于数据学科的多学科融合趋势。而大数据技术在数据开放和隐私保护的矛盾上也将寻求更加平衡的立足点，因为数据的开放和共享是必然的趋势，所以未来大数据的安全和隐私问题依然是热点趋势。

毫无疑问，无论是在哪个方面或在哪个层次上的发展趋势，都将不断完善大数据的生态环境，促使大数据生态环境向良性化和完整化发展。

第二节　大数据分析的基本流程与工具

一、大数据分析的基本流程

（一）数据准备

数据准备包括采集数据、清洗数据和储存数据等。主要步骤如下：

1. 绘制数据地图

选择用于挖掘的数据集，了解并分析众多属性之间的相关性，把字段分为非相关字段、冗余字段、相关字段，最后保留相关字段，去除非相关字段和冗余字段。

2. 数据清洗

通过填写空缺值、平滑噪声数据、识别删除孤立点并解决不一致来清理数据。如填补缺失数据的字段、统一同一字段不同数据集中数据类型的一致性、格式标准化、清除异常数据、纠正错误、清除重复数据等。

3. 数据转化

根据预期采用的算法，对字段进行必要的类型处理，如将非数字类型的字段转化成数字类型等。

4. 数据格式化

根据建模软件需要，添加、更改数据样本，将数据格式化为特定的格式。

由于海量数据的数据量和分布性的特点，使得传统的数据管理技术不适合处理海量数据。海量数据对分布式并行处理技术提出了新的挑战，开始出现以MapReduce 为代表的一系列研究工作。MapReduce 是 2004 年由谷歌公司提出的一个用来进行并行处理和生成大数据集的模型。MapReduce 作为典型的离线计算框架，无法满足许多在线实时计算需求。目前在线计算主要基于两种模式研究大数据处理问题：一种基于关系型数据库，研究提高其扩展性，增加查询通量来满足大规模数据处理需求；另一种基于新兴的 NoSQL 数据库，通过提高其查询能力、丰富查询功能来满足有大数据处理需求的应用。

（二）数据探索

利用数据挖掘工具在数据中查找模型，这个搜寻过程可以由系统自动执行，自底向上搜寻原始事实以发现它们之间的某种联系，也可以加入用户交互过程，由分析人员主动发问，从上到下地找寻以验证假定的正确性。对于一个问题的搜寻过程可能用到许多工具，例如神经网络、基于规则的系统、基于实例的推理、机器学习、统计方法等。

分析沙箱适合进行数据探索、分析流程开发、概念验证及原型开发。这些探索性的分析流程一旦发展为用户管理流程或者生产流程，就应该从分析沙箱挪出去。沙箱中的数据都有时间限制。沙箱的理念并不是建立一个永久的数据集，而是根据每个项目的需求构建项目所需的数据集。一旦这个项目完成了，数据就被删除了。如果被恰当使用，沙箱将是提升企业分析价值的主要驱动力。

（三）模式知识发现

利用数据挖掘等工具，发现数据背后隐藏的知识。数据挖掘可由关联、分类、聚集、预测、相随模式和时间序列等手段去实现。

关联是寻找某些因素对其他因素在同一数据处理中的作用；分类是确定所选数据与预先给定的类别之间的函数关系，通常用的数学模型有二值决策树神经网络、线性规划和数理统计；聚集和预测是基于传统的多元回归分析及相关方法，用自变量与因变量之间的关系来分类的方法，这种方法流行于多数的数据挖掘公司。其优点是能用计算机在较短的时间内处理大量的统计数据，其缺点是不易进行多于两类的类别分析；相随模式和相似时间序列均采用传统逻辑或模糊逻辑去识别模式，从而寻找数据中的有代表性的模式。

（四）数据挖掘

数据挖掘任务可分为描述性任务和预测任务两大类。描述性任务涵盖关联分析、聚类、序列分析以及离群点检测等，而预测任务则专注于回归和分类。在预测任务中，建立预测模型的关键在于学习样本数据的输入值和输出值之间的关联性，通常采用机器学习方法进行模型构建。尽管数据挖掘的技术基础是人工智能，主要借助于机器学习，但相较于广义的人工智能，数据挖掘的复杂度和难度较小，借助了人工智能领域中一些成熟的算法和技术。

数据建模与传统的数学建模有所不同，它是基于数据而非基本原理建立数学模型的过程。这种方法适用于那些无法通过机理建模解决的实际问题。在预测问题中，尤其是当对象存在清晰的机理时，进行机理建模是最佳选择；然而，实际问题往往涉及使用历史数据进行数据建模，因为许多情况下机理难以明确。

典型的机器学习方法涵盖了多种算法，其中包括决策树、人工神经网络、支持向量机以及正则化方法等。这些方法通过对历史数据进行学习，能够在面对新的输入数据时做出预测或分类。

（五）预测建模

模型评估方法主要有技术层面的评估和实践应用层面的评估。技术层面根据采用的挖掘分析方法，选择特定的评估指标显示模型的价值，以关联规则为例，有支持度和可信度两种指标。

对于分类问题，可以通过使用混淆矩阵对模型进行评估，还可以使用 ROC 曲线、KS 曲线等对模型进行评估。

（六）知识应用

大数据决策支持系统中"决策"就是决策者根据所掌握的信息为决策对象选择行为的思维过程。

使用模型训练的结果，帮助管理者辅助决策，挖掘潜在的模式，发现巨大的潜在商机。应用模式包括与经验知识的结合、大数据挖掘知识的智能融合创新以及知识平台的智能涌现等。

二、大数据分析工具

（一）InfoSphereBigInsights

InfoSphereBigInsights 是由 IBM 公司推出的大数据平台软件，用于处理流数据和持久性数据，将大数据转为大洞察。该软件旨在帮助公司从大量不同范围的数据中挖掘商机并进行分析，因为用传统方法来处理大量数据有些不切实际且难度很大，常常会忽略或丢弃一些数据，如日志记录、点击流、社会媒体数据、新闻摘要、电子传感器输出甚至是一些事务数据等。

为了帮助公司以一种有效的方法从这些数据中获取有价值的信息，InfoSphereBigInsights 提供了无分享硬件集群和内置分析技术。它能透明地分配存储在附加子集群附件的处理器，能有效减少网络信息流通量，提高运行性能。在容错方面，BigInsights 根据管理员指定的参数自动复制多个磁盘上的每一部分数据。该复制操作使 BigInsights 能够通过将工作重定向至别处，自动从磁盘或节点故障中恢复。它是一个可以增强现有分析基础架构的平台，能够对大量的原始数据进行过滤，并将结果与存储在 DBMS 或数据仓库中的结构化数据进行组合。

（二）BigQuery

BigQuery 是 Google 推出的一项 Web 服务，该服务让开发者可以使用 Google 的架构来运行 SQL 语句对超级大的数据库进行操作，BigQuery 旨在分析数十亿行近似的数据，使用类 SQL 语法。它并不是完全符合 SQL，数据库的替代，并不适用于交易处理应用。BigQuery 支持分析交互风格，使用 select 命令构建查询，对于任何 SQL 开发者来说应该都很熟悉。

BigQuery 的查询语言包括支持标准操作，如 joining、sorting、grouping、内嵌数据结构等。其可以支持统计函数，如 count、sum、average、variance 和 standard deviation（标准偏差）等。

（三）魔镜

魔镜为企业提供数据可视化、分析、挖掘的整套解决方案及技术支持，是一款基于 Java 平台开发的可扩展、自助式分析、大数据分析产品。魔镜在垂直方向上采用三层设计：前端为可视化效果引擎，中间层为魔镜探索式数据分析模型引擎，底层对接各种结构化或非结构化数据源。它是由苏州国云数据科技有限公司开发的首款免费大数据可视化分析工具，先后获得了黑马大赛全国百强、国际精英创业周 A 类项目等殊荣。魔镜支持各种数据源，颠覆了传统的 Excel 分析和报表，操作简单方便，自动拖曳建模，是目前功能较为全面的可视化分析平台，拥有国内最大的可视化效果库，支持 500 多种图表，包括列表、饼图、漏斗图、散点图、线图、柱状图、条形图、区域图、气泡图、矩阵、地图、树状图、时间序列相关的图表，还支持树图、社交网络图、3D 图表等多维动态图表类型。

魔镜视觉效果库超大，数据市场开放。这款大数据分析工具已经为超过一万家企业提供了其行业的大数据解决方案。

魔镜现在有五个版本，即企业基础版、企业标准版、企业高级版、云平台版和 Hadoop 版。

企业基础版：可代替报表工具、传统 BI（商业智能），适合中小型企业使用，内部使用时可以全公司协同分析。

企业标准版：可实现企业的基础数据分析和数据结果呈现，满足企业的一般数据分析需求。

企业高级版：适合规模较大的公司建立数据仓库，帮助企业完成数据转型。

云平台版：免费版本，适合接受 SaaS（软件及服务）的企业和个人进行数据分析使用。

Hadoop 版：支持 PB 级大数据计算，实时计算，完美兼容 Spark、HBase 非结构化计算，适合大企业。

第三节 分布式数据库及其主要技术简介

近年来，随着数据量的高速增长，分布式数据库技术得到了快速的发展，传统的关系型数据库开始从集中式模型向分布式架构发展。一方面，基于关系型的分布式数据库在保留了传统数据库的关系数据模型和 ACID 等基本特征下，从集中式存储走向分布式存储，从集中式计算走向分布式计算；另一方面，随着数据量越来越大，关系型数据库开始暴露出一些难以克服的缺点，以 NoSQL 为代表的非关系型数据库，其灵活的数据模型以及高可扩展性、高并发性等优势经历快速发展，一时间市场上出现了大量的 key-value 存储系统、文档型数据库等 NoSQL 数据库产品。

大数据的管理和应用方向随之集中在两个领域：第一，以 NoSQL 为代表的非关系型数据库主要应用于大数据相关分析，针对海量数据的挖掘、复杂的分析计算；第二，基于关系型的分布式数据库则主要应用于在线数据操作，包括传统交易型操作、海量数据的实时访问以及大数据高并发查询等操作。基于关系型的分布式数据库和非关系型的分布式数据库都有各自的特点和应用场景，两者的紧密结合将会给银行业数据库的发展带来新的思路。

以 NoSQL 为代表的非关系型数据库虽然在对海量数据进行存储管理、数据析等领域有着广泛的应用，但是由于它们大多不支持事务，无法满足数据的强一致性需求，对于复杂业务场景的支持能力较差等问题，因此对于需要确保数据强一致性的银行业等传统领域的在线数据操作的海量数据实时访问，非关系型的分布式数据库将显得无能为力。

基于关系型的分布式数据库则很好地解决了在线数据操作的大数据管理问题，满足了大数据在实时高并发请求压力下的交互业务场景。这一领域的"大数据"应用也正在被更多的人接受。由于分布式数据库的落地更简单，在开发运维上更接近于传统数据管理系统，因此基于关系型的分布式数据库市场在快速地发展壮大，基于关系型的分布式数据库将是本书讨论的重点。

一、分布式数据库产生的背景

分布式数据库的兴起是计算机网络和分布式计算机技术研究与发展的产物。随着计算机网络技术的不断进步，分布在不同地理位置的计算机能够实现数据通信和资源共享，从而引发了对数据库共享的迫切需求。这一需求的崛起与数据库应用技术的提高密切相关，因为随着应用水平的提升，传统的固定在某一地点的数据库逐渐无法满足不断增长的要求。

社会组织的分散化和经济原因也推动了分布式数据库的发展。例如，在银行系统这样的领域，业务分散且需要高效处理，传统的集中式数据库已经无法满足这些要求。同时，随着数据的互联与应用，数据量呈指数级增长，因而需要一种能够有效关联现有数据的技术手段，而分布式数据库则成为解决这一挑战的有效途径。另一个驱动分布式数据库发展的因素是数据通信费用的上升。为了满足远程或频繁使用的需求，对数据的可靠性和可用性提出了更高要求。在这种情境下，传统的集中式存储方式显然无法适应，而分布式数据库能够更好地满足这些要求。此外，低成本的光纤通信技术的实现降低了处理机和存储器的成本，为分布式数据库的发展提供了有利的条件，使其变得更加经济可行。

分布式数据库系统存在着潜在的大市场，如金融、电力等系统管理以及其他的大型企业、集团公司等都需要分布式数据库的管理和支持。除了商业性、事务性应用以外，在计算机作为辅助工具的各个信息领域，如计算机辅助设计与制造（CAD/CAM）、计算机辅助软件工程（CASE）及军事科学领域等，同样需要分布式数据库技术。当前随着网络技术和客户/服务器技术的发展，分布式数据库技术就会不断地向分布式处理系统渗透。目前已经出现了具有分布式数据库特征的数据库产品，例如 Oracle/Net 和 Ingres/Net 等。相信分布式数据库系统会有良好的应用前景。

二、分布式数据库系统概念及特点

（一）分布式数据库系统的概念

分布式数据库（DDB）是物理上分散而逻辑上集中的数据库系统，它使用计算机网络将地理位置分散而管理和控制又需要不同程度集中的多个逻辑单元（如集中式数据库系统）连接起来，共同组成一个统一的数据库系统。由于它有着许多突出的特点，特别是其在网络中跨节点物理存储方面的优势——既能够满足应用系统的局部控制和分散管理，又能实现整个组织的全局集中控制和高层次的系统管理；既能实现信息的灵活交流和共享访问，又便于统一管理和使用，因此，被广泛应用在大型企业组织、公司集团、商业团体、跨地区管理机构以及军事国防等领域中。如今，分布式数据库系统已经成为信息技术的核心，特别是基于 C/S 计算模式的协作式分布式数据库系统，近年来已成为计算机科学领域最活跃的研究领域之一。

20 世纪 90 年代，分布式数据库系统进入商品化应用阶段。一些商品化的数据库系统产品，如 Oracle、IBM DB2、Sysbase、Microsoft SQL Server 等为了适应应用需要和扩大市场份额，先后提供了对分布式数据库的支持，不断推出和改进自己的分布式数据库产品。尽管分布式数据库技术发展迅速并日趋完善，但是由于它的建立环境复杂，技术实现有难度，完全遵循分布式数据库系统 12 条规则的商用系统仍难见到。

我国对分布式数据库系统的研究始于 20 世纪 80 年代初期，一些科研单位和高校先后建立和实现了几个各具特色的分布式数据库原型，其中包括中国科学院数学研究所和上海科技大学及华东师范大学合作实现的 C-POREL、武汉大学数据库组研制的 WDDBS 和 WOODDBS、东北大学数据库组研制的 DMU/FO 系统、东南大学计算机系开发的 SUMDDB 系统、中国人民大学与知识工程研究所研制的 DOS/SELS 等，这些工作对我国分布式数据库技术的理论研究和应用开发起到了积极的推动作用。

进入 21 世纪以来，数据发生了爆炸性的增长。对于日益增长、趋于海量的数据的存储和管理，传统的分布式数据库模式已不再适用，新的分布式海量数据组织和管理方式应运而生。如 Google 设计的 BigTable 利用 Google 分布式文件系统来实现数据的分布式存储和管理，可以支持 PB 级的数据处理和上千台机器上的数据分布。此外，Apache 以 Google 的 BigTable 为原型开发了适用于非结构化存储的分布式据库 HBase，可以应用于需要随机访问、实时读写的大数据环境中。同时，随着云计算时代的到来，分布式数据库的设计与开发也必将发生一定的变革。

（二）分布式数据库系统的特点

1. 网络透明性

用户访问分布式数据库系统中的数据时，不必知道数据分布在网络的什么地方，用户可以像使用集中式数据库一样使用分布式数据库。分布透明性有多个层次。

（1）位置透明性。位置透明性是用户和应用程序不必知道它所使用的数据在什么场地。用户用到的数据很可能在本地的数据库中，也可能在外地的数据库中。如果用户涉及的数据是在外地，那么可能要通过网络把数据从外地传输到本地，或要把数据从本地传送到外地，或者多次往返传输。系统提供位置透明性后，用户就不必关心数据在本地还是外地，应用程序的逻辑也简单了，而且允许数据在使用的方式（从一个场地传送到另一个场地）改变时，不需要重编程序，否则应用程序就要复杂得多。

（2）复制透明性。在分布式系统中，为了提高系统的性能和实用性，有些数据并不只存放在一个场地，很可能同时重复地存放在不同场地。这样，在本地数据库中也包含外地数据库中的数据。应用程序执行时，就可在本地数据库的基础上运行，尽量不借助通信网络去与外地数据库联系，而用户还以为在使用外地数据库中的数据。这就加快了应用程序的运行速度。但各场地上大量复制数据使更新操作要涉及所有复制的数据库，以保证数据的一致性。但总的来说，复制可以提高系统的效率。

这里就有一个问题，如何执行更新操作的涉及。如果由应用程序去做，那么更新操作就要涉及所有复制数据库的地址。如果这件事由系统去做，我们就说系统提供了复制透明性。也就是说用户不必关心数据库在网络中各个节点的数据库复制情况，同时更新引起的涉及也由系统去处理。

一个分布式系统有了这两种透明性后，用户看到的系统就好像一个集中式系统了。用户只考虑逻辑数据，不必关心这些数据的物理存储在哪里和复制了几份。从这个意义上，分布式系统考虑的问题就只是数据库三级结构中的内部级问题，而不是概念级或外部级的问题。分布本身对于用户的数据观点、它所用的特殊语言及逻辑数据库设计，都没有什么影响，但它对于并发控制、恢复、物理数据库设计都有影响。而且这些问题的解决方法与集中式系统不同。

2. 数据冗余和冗余透明性

集中式数据库系统以共享数据、减少数据冗余作为系统目标，目的是节省存储空间，避免为维护多数据副本的一致性所付出的额外开销。分布式数据库系统则希望保证一定程度的冗余数据，以适合分布处理的特点。这种冗余对用户是透明的，即用户不必知道冗余数据的存在，多数据副本一致性的维护由系统负责。

3. 数据片段透明性

分布式数据库中的关系一般都被划分为多个子集合（每个子集合称为一个数据片段），并以数据片段为单位分布到多个节点上。数据片段对用户是透明的，即用户在操作数据库关系时不需要了解关系的划分和数据片段分布的细节。从用户的角度来看，关系的概念仍然是集中式数据库系统中的关系概念，不存在划分和片段的概念。

4. 场地自治性

在分布式数据库系统中，为保证局部场地独立的自主运行能力，局部场地具有自治性。多个场地或节点的局部数据库在逻辑上集成为统一整体，并为分布式数据库系统的所有用户使用，这种分布式应用称为全局应用，其用户称为全局用户。另外，分布式数据库系统也允许用户只使用本地的局部数据库，该应用称为局部应用，其用户称为局部用户。这种局部用户一定程度上独立于全局用户的特性称为局部数据库的自治性，也称为场地自治性，具体体现如下：

设计自治性：局部数据库管理系统（LDBMS）能独立地决定本地数据库系统的设计。

通信自治性：LDBMS能独立地决定是否以及如何与其他场地的LDBMS通信。

执行自治性：LDBMS如同一个集中式数据库系统，自主地决定以何种方式执行局部操作。

5. 数据库的安全性、完整性和并行事务的可串行性

分布式数据库系统不仅需要保证各局部数据库数据的安全性和完整性，还需

要保证全局数据库的安全性和完整性。分布式数据库系统还要保证并行执行多个事务的可串行性。

（三）分布式数据库系统的优缺点

1. 分布式数据库系统的优点

分布式数据库系统的特点决定了它具有如下优点：

（1）分布式控制。分布式数据库系统的局部自治性使每个节点不仅能参与执行全局事务，而且能独立执行局部事务。我们可以把用户的常用数据放在他们所在的节点，以减少通信开销。

（2）增强了数据共享性。分布式数据库系统具有两个层次的数据共享，即局部共享和全局共享。各节点的用户可以共享本节点局部数据库中的数据；全体用户可共享网络中所有局部数据库中的数据，包括存储在其他节点的数据。

（3）提高了系统可靠性和可用性。由于存在冗余数据，当一个节点出现故障时，系统可以对另一节点上的相同数据副本进行操作，不会因一处故障造成整个系统瘫痪。系统还可以自动检测故障所在，并利用冗余数据修复故障节点。这种检测和修复是联机完成的，提高了系统的可靠性和可用性。

（4）改善了系统性能。由于用户的常用数据放在用户所在节点，缩短了系统响应时间。冗余数据的存在使系统能够选择离用户最近的数据副本进行存取操作，减少了通信开销。由于每个节点只处理整个数据库的一部分，从而减少了对单个计算机的资源竞争。由于一个事务所涉及的数据可能分布在多个节点，增加了并行处理事务的可能性。

（5）可扩充性好。分布式数据库系统的内在特点决定了它比集中式数据库系统更容易扩充，并且由于分布式数据库系统具有分布透明性，这种扩充不会影响已有的用户程序。

（6）经济性能好。由于大规模集成技术的迅速进展，超级微型机和超级小型机的价格大幅度下降，性能已大致可满足各局部数据库的需要。这样，与一个大型计算机支持一个大型的集中式数据库再加一些近程和远程终端相比，由超级微机或超级小型机支持的分布式数据库系统的性能价格比往往要好得多。

2. 分布式数据库系统的缺点

分布式数据库系统存在如下一些缺点：

（1）复杂。与集中式数据库系统相比，分布式数据库系统更为复杂。为协调各节点正确处理用户查询，必须完成很多复杂的额外工作。

（2）增加开销。与集中式数据库系统相比，分布式数据库系统增加了很多额外开销。这些开销包括硬件开销、通信开销、冗余数据管理的开销、保证性能的开销，软件开发费用大。

（3）数据冗余。由于冗余数据不仅造成存储空间的浪费，还会造成各数据副本之间的不一致性，所以，在集中式数据库系统中，要强调尽量减少数据的冗余。但在分布式数据库系统中，则允许适当的冗余，即将数据的多个副本重复地驻留在常用的节点上，以减少数据传输的成本。这是为了提高系统的可靠性、可用性，避免一处故障造成整个系统瘫痪；提高系统性能，多副本的冗余机制将能够降低通信代价，且可提高系统的自治性。当然，数据的冗余将会增加数据一致性维护与故障恢复的工作量，因此需要合理地配置副本并进行一致性的维护。

（4）查询处理复杂。分布式数据库系统中的查询是对全局数据的，必须先将全局查询分解为对存储在各个节点上局部数据的子查询，然后再将子查询的结果连接起来形成全局查询的结果。因此，在查询处理中不但要进行查询的分解，还需要进行优化，即对全局查询进行等价变换和查询路径的优化，以形成一个高效的分布查询执行方案。在查询优化中需要重点考虑由于数据分布而带来的通信代价，并需使用相应的优化策略和等价变换律。

三、典型的分布式数据库原型系统简介

SDD-1（System for Distributed DataBase）是美国国防部委托 CCA 公司设计和研制的分布式数据库管理系统，是世界上最早研制并且影响力最大的系统之一。它采用关系数据模型，支持类 SQL 查询语言；支持对关系的水平和垂直分片以及复制分配；支持单语句事务；提出了半连接优化技术，支持分布式存取优化；采用独创的时间戳技术和冲突分析方法实现并发控制；支持对元数据和用户数据的统一管理。

Distributed INGRES 是 INGRES 系统的分布式版本，由美国加利福尼亚大学伯克利分校研发。它支持 QUEL 查询语言，支持对关系水平分片，但不支持数据副本，采用基于锁的并发控制方法，其数据字典分为全局字典和局部字典。

System R* 系统是由 IBM 圣约瑟实验室研发的分布式数据库管理系统，是集中式关系数据库系统 System R 的后继成果。它支持 SQL 查询语言，允许透明地访问本地和远程关系型数据，支持分布透明性、场地自治性、多场地操作，但不支持关系的分片和副本。它采用基于锁的并发控制方法和分布式死锁检测方法，支持分布式字典管理。

这三个系统都基于关系数据库，SDD-1 和 Distributed INGRES 基于远程数据网络，而 System R* 基于局域网络，它们在分布式处理策略上有所不同。

四、分布式数据库系统主要技术分析

分布式数据库系统涉及的主要技术包括分布式数据库设计、分布式查询和优化、分布式事务管理和恢复、分布式并发控制、分布式数据库的可靠性、分布式数据库的安全性等。

（一）分布式数据库设计的技术和方法

由于分布式数据库存储结构的特殊性，很多集中式数据库系统的关键技术问题和组织问题在分布式数据库系统中变得更加复杂。既要考虑数据存储的本地性、并发度和可靠性，还要兼顾多副本带来同步更新的开销；既要均衡各站点的工作负荷，提高应用执行的并发度，又要考虑站点负荷分布对处理本地性的副作用。正是因为面临着种种折中考验，使分布式数据库的设计过程变得异常复杂，同时也大大增加了优化模型的难度。

分布式数据库设计方法有两种：重构法和组合法。前者采用自顶向下的设计方法，后者采用自底向上的设计方法。重构法是指在充分理解用户应用需求的基础上，按照分布式数据库系统的设计思想和方法，一步一步构建系统的过程。这一过程包括概念设计、全局逻辑设计、分布设计、局部逻辑设计和物理设计等阶段，最后转化成与计算机系统相关的物理实现。

（二）分布式查询和优化处理技术

分布式查询处理是用户和分布式数据库的接口，由于数据的分布使得分布式数据库系统中的查询问题比集中式数据库要复杂得多。

衡量分布式查询处理效率是一个综合指标，涉及下面的主要目标：

第一，系统的处理代价。除了 CPU、内存及 I/O 代价外，分布式查询处理所需要的通信代价可能是更重要的。因此，一个优化的分布式查询处理算法需要控制数据传输费用，数据的传输费用与数据分片策略及其单位的大小有直接的关系。

第二，系统的（平均）响应时间。由于数据的分布和重复，使得查询处理的路径增多和并行性增大，因此，不同的调度方案对系统的响应时间影响很大。

数据分割的策略、单位及其存放位置直接影响查询的效率。由于分布式数据库系统可能需要对关系进行分割，因此，一个关系的所有对应数据已经不再适合作为独立的数据分配单位，如何确定数据的分配单位就成为分布式数据库系统不可回避的问题，另外，数据分片的存储位置也是影响系统效率的重要问题。

为了解决分布式查询优化问题，不同的算法被提出。典型的分布式算法有基于关系代数等价变化的查询优化处理方法、基于半连接算法的查询优化处理方法和基于直接连接算法的查询优化处理方法，这些方法已被应用在实际的查询优化

处理中。国内外一些学者也将现代寻优算法（如动态编程算法、贪心算法、迭代提高算法、模拟退火算法和遗传算法等）应用于分布式查询中，用来处理多连接查询优化问题，并取得了一定的效果。

（三）分布式事务管理和恢复技术

集中式环境下的事务的原子性、一致性、隔离性和永久性仍然适用于分布式环境。但是与集中式相比，分布式事务管理增加了不少新的内容和复杂性，例如多副本一致性的保证、单点故障的恢复管理问题、通信网络故障时的恢复管理问题等。为了解决这些问题，分布式事务管理程序必须同时保证本地事务的 ACID 特性和分布式事务的 ACID 特性。同时，当故障发生时，要使得分布式数据库恢复到一个正确的、一致的状态。

（四）分布式并发控制技术

分布式并发控制是以集中式数据库的并发控制技术为基础，主要解决多个分布式事务对数据的并行调度问题。分布式数据库系统并发控制的主要技术包括基于分布式数据库系统并发控制的封锁技术死锁处理技术、并发控制的时标技术、并发控制的多版本一致性技术以及并发控制的乐观方法等。这些技术用于负责正确协调并发事务的执行，保证并发的存取操作不破坏数据库的完整性和一致性，确保并发执行的多个事务能够正确运行并获得正确的结果。

1. 分布式数据库管理系统的抽象

从并发控制的角度来对分布式管理系统进行抽象。把分布式数据库管理系统抽象成两个模块：一个是事务管理程序（TM），另一个是数据管理程序（DM）。

每一个站点可以运行它们中的一个或两个软件模块。TM 用于管理事务，它是用户与数据库的外部接口。DM 用于管理数据库，可以看作用户与数据库的内部接口。

数据库可以看作一个逻辑数据项集合，每一个逻辑数据项可以存储在系统的任何 DM 中，也可以冗余地存储在多个 DM 中。

用户的数据库请求是通过执行事务与 DDB 发生联系的。

我们把事务模拟为一个 READ 和 WRITE 操作的序列，而不关心其内部计算。一个事务的逻辑写集是该事务要写的所有逻辑数据项的集合。存储读集和存储写集可以用类似的方法定义。如果一个事务的存储读集或存储写集与另一个事务的存储写集相交，则称这两个事务是冲突的。

并发控制的一个基本原则是仅当两个事务冲突时，解决其同步问题。

如果用户期望每一个提交给系统的事务最终被执行完成，那么并发控制算法必须避免死锁、周期性的重新启动等问题。

如果用户期望其事务被完整地执行而不受其他事务干扰，那么在一个多道程序设计系统中，必须保证同其他事务并行执行时和自己单独执行的结果是相同的。

2. 用于并发控制的 DDBS 抽象结构

基于上面对分布式数据库管理系统的抽象，用于并发控制分析的 DDBS 系统模型结构包括 4 个主要部分：事务、TM、DM 和数据子集（DS）。

在这里，事务与 TM 通信，TM 与 DM 通信，DM 管理对应数据子集。每一个在 DDBMS 中执行的事务都由一个单独的 TM 管理，即事务发出其所有的操作给一个特定的 TM，所有为执行该事务所需要的分布式计算由该 TM 来管理。因此从任何单一的事务来看，系统由单一的 TM 和多个 DM 组成。

令 X 是任何逻辑数据项。READ（X）返回现行逻辑数据库状态中 X 的值。WRITE（X, 新值）则建立一个新的逻辑数据库状态，其中 X 的值被"新值"所代替。在响应事务的命令时，TM 向 DM 发出命令，说明具体的存储数据项将被读或写。由 DM 对相应数据子集进行操作。

3. 分布式事务处理模型

在分布式数据库系统中，事务的关键管理由 TM 负责，其主要职责是接收和管理事务，涉及多个 DM。事务执行的过程包括一个 TM 和多个 DM，与集中式系统相似。其中，关键问题在于私有工作区的有效管理和事务的成功提交。

（1）DDBMS 中存在私有工作区，集中式 DBMS 将其视为 TM 的一部分。然而，在分布式数据库环境下，TM 和 DM 通常分布在不同站点，导致昂贵的站点间通信。为降低通信成本，DDBMS 必须通过查询优化过程来控制站点间的数据流。此过程在集中式 DBMS 中不同，因为分布式环境中的通信开销较大。

（2）DDBMS 面临两阶段提交问题。当一个站点失效时，系统的其他部分可能会继续工作，引发原子提交问题的更复杂和困难情境。相较于集中式系统，分布式两阶段提交过程更为复杂，因为需要处理站点失效对整个系统的潜在影响。这使得在分布式环境中确保数据一致性和原子性变得更加具有挑战性。

为了进一步优化分布式 DBMS 的性能，引入了 TM 与 DM 之间的预提交操作。这一操作要求 DM 在事务提交之前将数据项从私有工作区复制到安全存储器，以确保数据的持久性。在接收到预提交请求的 DM 需要明确确定哪些 DM 参与到提交活动中。即使在 TM 发出 DM-Write 命令之前失效，未接收到 DM-Write 命令的 DM 仍能够查询提交中的 DM，以判断是否有 DM 成功接收了 DM-Write，并相应地执行操作。这一设计保证了即使某些 DM 未收到写入命令，它们仍能够正确操作，从而增强了系统的容错性和可靠性。通过这种方式，分布式 DBMS 在事务管理和提交方面更加强大和可靠，为复杂的分布式环境提供了更可靠的数据管理基础。

（五）分布式控制系统监控软件中开放式数据库接口技术

ODBC（开放式数据库互联）是一种介于应用程序和数据库系统之间的中间件，旨在提供数据库的独立性。其核心结构包括驱动程序和驱动程序管理器，其中驱动程序负责支持 ODBC 函数调用，而驱动程序管理器则负责管理函数与 DLL 中函数的绑定关系。

在使用 ODBC 的过程中，应用程序首先需要通过 ODBC 管理器注册数据源，以建立与具体数据库的联系。这一步骤为应用程序提供了访问数据库的入口，但需要注意的是，ODBC 应用程序接口（API）本身并不能直接访问数据库，必须通过驱动程序管理器与数据库进行信息交换。

基于 ODBC 的应用程序对数据库的操作并不依赖于任何特定的数据库管理系统（DBMS）。相反，它通过相应 DBMS 的 ODBC 驱动程序来完成数据库操作。这种设计使得应用程序能够在不同的 DBMS 之间切换而无需修改其代码，从而实现了更高程度的灵活性和可移植性。

ODBC 的整体结构分为四个层次：应用程序、驱动程序管理器、驱动程序以及数据源。这种层次结构的设计有助于确保 ODBC 的标准性和开放性。应用程序主要负责处理和调用 ODBC 函数，发送 SQL 请求以及获取执行结果。而驱动程序管理器则是一个动态链接库（DLL），负责加载驱动程序、处理 ODBC 调用的初始化调用，并提供参数有效性和序列有效性的检查。驱动程序是另一个 DLL，它的主要责任是完成 ODBC 函数调用并与数据库之间相互影响。驱动程序由驱动程序管理器装入，通过这种方式实现了对数据库的访问。

数据源是 ODBC 的第四个层次，包括用户想要访问的数据以及与之相关的操作系统、DBMS 和访问 DBMS 的网络平台。

DCS 软件是否支持 ODBC 标准的数据库访问机制，是系统开放性的一个重要方面。支持的程度主要体现在两方面：一方面，提供支持 ODBC 标准的数据库驱动程序的 DLL，允许外部应用软件通过 ODBC 标准访问 DCS 的数据库；另一方面，DCS 本身也可以通过 ODBC API 来获取外部支持 ODBC 标准的数据库信息。

（六）分布式数据库的可靠性技术

分布式数据库系统的可靠性是指数据库在一个给定的时间间隔内不产生任何失败的概率。它强调了分布式数据库的正确性，要求分布式数据库在符合某种要求的情况下正确地运行。一个可靠性高的系统要求能够预先识别可能发生的错误，即能够容错。基本的容错方法和技术包括错误回避技术和清除技术、故障检测技术、提供冗余、设计的模块化以及面向会话的通信机制。上述技术有效结合可以为应用进程提供一个可靠的执行环境。

分布式可靠性协议主要包括可靠性提交协议、可靠性终结协议和可靠性恢复协议等。可靠性提交协议是为了保证事务执行的原子性。如果一个节点发生故障，那么就要考虑涉及此节点的事务执行的原子性，因此可靠性提交协议是分布式数据库系统的基本要求。可靠性终结协议是指，当分布式数据库系统中的一个节点失效时，其他节点如何处理与失效节点相应事务的可靠性机制。可靠性恢复协议是指当故障节点修复后对事务的恢复机制。

由于分布式数据库系统是一个多节点协同工作系统，因此分布式可靠性协议是复杂而重要的。

（七）分布式数据库的安全性技术

分布式数据库系统的特点之一是数据共享。数据共享给用户带来众多好处的同时也给数据库的安全带来了隐患，特别是网络化的开放环境和基于网络的分布式数据库系统中，如何保证数据库的安全，是设计和实现分布式数据库时应该考虑的一个重要问题。

在分布式数据库中，数据安全包括数据存储安全、数据访问安全和数据传输安全。对于数据存储和数据本地访问的安全可由各站点上的 DBMS 负责；而对于远程数据访问和数据传输的安全则应该由分布式数据库管理系统及其基于的网络操作系统和相应的网络协议负责。

五、分布式大数据库系统及关键技术

在大数据处理过程中，分别涉及原始数据、整合数据、分析数据和结果数据，这些数据通常也是海量的，需要大数据管理系统进行存储和管理，一般保存在大型分布式文件系统或者大型分布式数据库系统中。

我们把对大数据进行管理的分布式数据库管理系统，称为分布式大数据库管理系统，简称为大数据库管理系统。在不影响理解的情况下，可以将大数据库、大数据管理系统、大数据库系统统称为大数据库。

除了传统的分布式数据库技术之外，分布式大数据库管理系统还要考虑以下技术：

（一）大数据库系统结构

大数据库系统结构分为多系统结构和并行系统结构。多系统结构是指可以依赖于多个系统协同完成大数据的管理，相当于大型异构分布式数据库系统。并行系统结构是指建立在一个集成的并行处理平台上，如云计算环境，由底层系统平台提供强的存储和计算能力，由上层组件表达和处理各种任务。计算节点的关系是，前者属于松散耦合型，后者为紧密耦合型。

通常，根据应用需求采用合适的系统结构构建大数据库系统。已安装有传统的数据库管理系统的企业通常采用松散耦合型系统结构构建大数据库系统，可有效节省构建代价，但可能会受限于传统系统的局限性；而基于紧密耦合型的大数据库系统是当前基于集群的云计算系统所采用的典型架构，可按需构建，保证系统具有高性能和高可靠性。

（二）大数据存储与管理

为了提高存储效率，需要采用恰当的数据组织结构，对数据进行删除冗余和压缩处理。考虑到数据的生命周期，还需对数据进行分级管理，将不常用的数据定期归档。

为了保证数据的可靠性，需要有容错处理能力，一般采用多副本存储。

（三）大数据查询处理

为了保证数据存取的可伸缩性，需要采用专门的索引技术，如 Bloom Filter 技术、局部敏感散列技术（LSH）等，还需要有良好的分布式索引技术的支持。

在查询处理过程中，需要大量的查询优化技术，如查询重写、缓存复制、并行处理、数据本地化等，以保证复杂查询处理的可伸缩性。

（四）大数据事务管理

虽然大数据应用主要是查询和分析，但一些应用也需要有事务管理和并发控制。例如，大型电子商务网站需要支持几千万客户的同时操作，如此高的并发度和实时响应要求，是一般的大型商用数据库系统难以解决的，因此，需要专门的技术，包括特殊的提交协议、特殊的日志以及基于内存的数据库技术等。

（五）负载均衡策略

负载均衡是分布式存储数据和并行处理大数据的典型体现。对于数据负载，除了考虑数据均匀存放，还需要区别对待热点数据和冷数据，考虑副本数据的作用等；对于事务负载，需要综合考虑静态负载均衡和动态负载均衡、事务数据本地化程度、节点宕机时的数据或事务的迁移代价等。

（六）大数据副本管理

副本有助于提高系统可用性和系统性能，但需要维护副本一致性。通常需要根据应用需求考虑副本一致性维护所导致的数据读写延迟，考虑自适应的副本存放策略来提高事务处理性能，按数据类别考虑数据的一致性维护策略等。

（七）大数据安全管理

为保证大数据库系统中数据的安全，需要综合考虑大数据库系统所在的网络安全、客户端访问安全、云中数据的安全、数据传输链路的安全，以及考虑采用数据加密技术和数据隐私保护技术等。

（八）大数据管理基础理论

大数据管理技术是近几年提出的新需求，已有一些理论（如 CAP 等）和技术（LSM 等），并提出了一些相应的管理技术，如 key-value 数据模型、分布式索引技术、分布式事务协议等，但还需要支持大数据管理的新理论和新技术的出现，如类似于关系理论的基础理论、可串行化理论等。

第二章
分布式数据库系统的主要结构组成

随着计算机系统规模变得越来越大，将所有的业务单元集中部署在一个或若干个大型机上的体系结构，已经越来越不能满足当今计算机系统，随着大型互联网系统的快速发展，各种灵活多变的系统架构模型层出不穷。同时，随着微型计算机的出现，越来越多廉价的 PC 机成为各大企业 IT 架构的首选，分布式的处理方式越来越受到业界的青睐——计算机系统正在经历一场前所未有的从集中式架构向分布式架构的变革。体系结构框架是用于规范系统体系结构设计的指南。要建立一个分布式数据库系统，首先要考虑系统的体系结构。系统的体系结构用于定义系统的结构，包括组成系统的组件，定义各组件的功能及组件之间的内部联系和彼此间的作用。通常，可以从不同的角度来描述一个系统的体系结构。

第一节　分布式数据库系统的组成与分类

一、分布式数据库系统的组成
分布式数据库系统可以由下述部分构成：

第一，多台计算机设备，通过计算机网络互联。

第二，计算机网络设备，包括网络通信的一组软件。

第三，分布式数据库管理系统，包括全局数据库管理系统（GDBMS）、局部数据库管理系统（LDBMS）和通信管理程序（CM），具有全局用户接口和自治场地用户接口，并持有独立的场地目录 / 词典。

第四，分布式数据库（DDB），包括全局数据库（GDB）和局部数据库（LDB）及自治场地数据库。

第五，分布式数据库管理者（DDBA），分为全局数据库管理者（GDBA）和局部数据库管理者（LDBA）。

第六，分布式数据库的系统软件文档，它是一组与软件相匹配的文档资料及系统的使用说明文件。

通常认为，分布式数据库系统中的数据是物理分布在用计算机网络连接起来的各个站点上；每个站点可以是一个集中式数据库系统，具有站点的局部处理能力；站点间数据相互关联，构成一个逻辑整体，共同参与并完成全局应用。

要了解分布式数据库系统，我们将其组成部分可划分为三类：即用户有关的、数据有关的以及网络有关的部分。

（一）用户有关的组成部分

用户有关的部分，包括用户、用户进程、用户请求和用户模式。

所谓用户，笼统地讲是指与处理系统交往的对象。如这个对象可以是银行的出纳员、航空订票系统的办事员或企业管理系统的车间行政人员。在某种情况下，这个用户也可以是直接和数据处理系统发生交互作用的工业机器人或某种传感器。为了便于讨论分析，在系统内，"用户"是用一个或多个用户进程表示的，即用户进程是用户的代理。

所谓用户进程，就是与特定用户相关的一个程序的一次执行事例。例如，一个用户进程可以由一个用户应用程序、一个已编目的用户请求、一个预先定义的更新事务或一个特定的直接来自用户的查询或更新请求的执行所产生。

所谓用户请求，是指由用户进程发出并由数据库管理系统（DBMS）接受和处理的报文，这个用户请求必须通过特定的用户模式进行翻译。

用户请求是用 DBMS 能识别的用户请求语言书写的。这个语言可以是供终端用户直接使用的自包含语言，也可以由嵌入宿主编程语言的专用数据操作命令组成；这种语言只能供编程用户使用。事实上，通常在一个系统中同时提供这两种类型的语言。

与用户请求密切相关的还有一个关于"事务"的概念。一个事务是数据库访问的基本单位，它或者被完全地执行，或者完全不执行，这就是事务的原子性。在系统发生故障或有多个事务并发执行的情况下，事务的原子性必须坚持。坚持事务的原子性，其目的在于保证数据库中数据的一致性，尽管在一个事务处理过程中，数据库不一定保持一致，但在一个事务处理之前或之后，数据库应处于一致的状态。

用户模式即数据库的子模式，它提供数据的逻辑和结构定义。为了按用户期望的方式来描述数据，这个用户模式是必需的。这个模式也称为数据库用户的逻辑视图。

（二）数据有关的组成部分

数据有关的部分，包括数据库、数据库定义和数据库管理系统。

数据库是由 DBMS 所管理的最大的数据单位。它可以由建立数据库部门的所有数据组成，也可以包含一个组织大多数职能部门的所有数据。一个数据库可以由单个文件或多个相关的文件组成。不同数据库之间的逻辑关系，对于 DBMS 来说，它是不知道的。然而，用户（程序）是知道反映现实环境中实际关系的数据库之间的联系，并显式地使用这些数据库。在集中式数据库环境中，这种情况是不希望的；在分布式数据库环境中，这种情况甚至有更大的危险性。因为，在数据库中的数据应该由独立于访问它的程序来定义的，并相互独立存在。

数据库定义中包含能使系统进行所有数据库处理所必要的信息。对于每一个数据库，只有一个数据库定义或模式。DBMS 进行数据库处理时，需要访问这个数据库定义。

数据库管理系统是负责数据库的定义、建立、检索、更新以及维护的一个软件系统。不过，目前大多数 DBMS，特别是配置在微型机上的 DBMS，它们所提供的这些功能是严格受限制的。例如，数据定义语言只能提供很少的数据结构和数据验证选择，对于数据库的查询和更新也只能使用十分简单的选择表达式。诚然，配置在中大型计算机或超级小型机上的 DBMS 提供的功能要强得多，而且施加的限制也比较松。

DBMS 功能大致可以分成两大类：一是供用户调用的高级功能，如数据库元素的检索、修改、增加、删除；二是供数据库管理员调用的高级功能，如数据库的定义、建立、清除、重新定义、重新构造以及确保数据完整性和安全性的功能。

为了实现这两组高级功能，通常在 DBMS 中还配置一组低级功能。它们包括：用户请求的有效性、完备性、合法性校验；用户请求分解；实现用户请求策略的选择；定位数据，锁定数据及解锁；检索数据；修改数据；做日志，对响应的聚集操作数据格式的变换等。

总之，DBMS 是数据库及其定义的唯一接口。访问数据库或其定义的来自用户进程的所有请求，均由 DBMS 进行解释、控制和处理。

（三）网络有关的组成部分

网络有关的部分，包括网络数据库管理系统（NDBMS）、网络数据目录、网络存取进程和网络描述。

1. 网络 DBMS

传统的集中式 DBMS 仅包括与局部数据库有关的那些功能，而且它不了解网络中任何的站点。因此，在分布式环境中，要求为数据库及其相应的 DBMS 提供附加的功能。这里介绍的网络 DBMS 提供了这些附加的功能。

引入网络 DBMS 的概念，其目的在于用来描述一组功能，且主要是用于说明这些附加功能的性质以及它们的信息要求，而不是考虑这些相应的软件如何组装的方法，它们可以独立组成一个可以识别的网络 DBMS，或者简单地把附加的功能并入局部的 DBMS 之中。

这个网络 DBMS 至少应能提供下列功能：连接、定位、策略选择、网络范围的恢复、翻译等。

2. 网络数据目录

在一个集中式或单站点数据库环境下，所有关于数据库的信息是集中放置在一个地方的。也就是说，传统的数据定义为数据库管理系统 DBMS 提供了定位和处理存储数据所需要的一切信息。然而，在分布式环境下，数据是分布的，系统必须能够确定将请求送往其数据所在的那个站点。通常，这借助于一个显式的网络数据目录来实现。在这个网络数据目录中，记录着全局数据库的数据定位信息。

对于这个网络数据目录，有两种看法：一是认为系统中需要增加新的功能，以便建立、更新和存取这个网络数据目录。另一种更为一般性的看法是，仅把它看作数据库的另一部分，这一部分只能由网络 DBMS（而不能由用户）访问。另外，也可以通过把每一个用户请求向所有站点"广播"的方式来寻找其数据所在的站点。在这种情况下，这个网络数据目录就不再是必需的。因为发出诉求的站点可以通过"广播"询问所有其他站点是否有请求的数据。但是，这种方式所花的通信代价太高。

对于网络数据目录，其主要的设计因素之一是确定"粒变"的等级。粒度是指目录指向的数据块的大小。它可以是一个数据库或一个文件，或数据项级。依赖于这个粒度等级，网络 DBMS 利用这个网络数据目录把一个数据库名、文件或数据项名翻译为其所在站点的逻辑标识符。

如果请求数据有多重副本，则在网络数据目录中，它相应地有多个条目。在这种情况下，为检索和更新数据的物理定位有所不同。对于检索，除了考虑性能方面的要求，访问哪一个副本是无关紧要的。然而，对于更新，则必须访问所有的副本。

3. 网络存取进程

一旦网络 DBMS 分析了用户请求，选择了一个处理策略，并利用网络数据目录确定了请求的数据所在的站点，它将把请求传递给网络存取进程。这个网络 DBMS 请求包括一个报文和一个逻辑站点标识符。这个网络存取进程的主要功能为：①为传送用户请求确定路径选择；②传送报文；③接收报文并发出相应的应答信号。

事实上，网络存取进程作为站点上进程与通信设施之间的一个接口。因此，在每一个网点上，都必须配置网络存取进程。它把本站点与网络的其余部分相连接。通信设施是指通信进程与链接站点的物理设施之集合。其中，包括站点之间传送报文所用的各种协议。为了确定传送用户请求的路径，网络存取进程必须利用网络描述。

4. 网络描述

网络描述用于说明网络的拓扑结构，即说明网络由哪些站点组成以及每一条链路所支持的数据传输率。这个网络描述主要供网络存取进程在给定源站点和目的地站点后确定传送报文的路由。这路由可能是直达的，也可能需要经过若干中间站点。虽然，这个网络协议是在网络初始建立时定义的，但必须进行动态维护，以反映站点或站点之间链路的失效情况。

在分布式处理环境中，站点识别涉及选择配置什么类型的站点以及把它们设置在什么地方。这是系统设计师根据技术上和组织上的因素做出的一个设计选择，一个站点的建立和识别并不依赖于它是怎样与通信设施连接的，也不取决于和其他站点地理上分隔的远近。

站点描述或配置，也是分布式数据库系统体系结构设计的一个选择。系统设计师或数据库管理员把数据库或文件及相关的定义和 DBMS 功能分配到网络内各种类型的站点上。根据站点上的可用功能，把站点分为完全的站点、最小用户站点、最小数据站点、最小网络数据目录站点和最小网络描述站点。

二、分布式数据库系统类型分析

目前对分布式数据库系统的分类还没有标准的定义，但有些提议已被认同。一种是按局部数据库的数据模型类型进行分类，另一种是按分布式数据库的全局控制系统类型进行分类。

（一）按局部数据库的数据模型类型分类

1. 同构型 DDBS

以构造相同的局部数据库组成的分布式数据库为同构型 DDBS。所谓构造相同，是指构成各站点局部数据库的数据模型相同。但是，具有相同数据模型的数据库若为不同公司的产品，其性质也不尽相同。因此，根据同构型 DDBS 是否采用同一厂商的 DBMS，可以将同构型 DDBS 进一步分成同构同质型和同构异质型。

早期国际上著名的同构型 DDBS 有美国 CCA 公司的 SDD-1 和 DDM、IBM 公司的 System R、德国的 POREL 和法国的 SIRIUS-DELTA 等。

2. 异构型 DDBS

如果局部站点上数据库的数据模型各不相同，则称分布式数据库为异构型 DDBS。典型的异构型 DDBS 有美国 CCA 公司的 MULTIBASE、美国佛罗里达大学的 IMDAS 和 HONEYWELL 公司的 DDTS。

除此之外，还有一些准分布式数据库系统，这些系统具备了分布式系统的部分特征，但又未能实现或未能达到分布式数据库的综合指标。典型的有 TANDEM 公司的 ENCOMPASS 系统、IBM 公司的 CICS/ISC 系统、ORACLE 公司的 SQL*STAR、IMGRES 产品、CULLINAAE 公司的 IDMS DDS、SIEMENS AG 公司的 VDS-D、SOFTWAREAG 公司的 NET-WORK、SYBASE 公司的 REPLICATION SERVER 等。

（二）按分布式数据库的全局控制系统类型分类

按照分布式数据库控制系统的全局控制类型来看，分布式数据库系统可以分类为全局控制集中型 DDBS、全局控制分散型 DDBS 和全局控制可变型 DDBS。

1. 全局控制集中型 DDBS

如果 DDBS 中的全局控制机制和全局数据字典位于一个中心站点，并由中心站点协调全局事务和控制局部数据库的转换，则称该 DDBS 为集中型 DDBS。这种方式控制机制简单，能够确保数据更新的一致性。但由于全局控制机制和全局数据字典集中存放在一个站点，该站点将成为集中失效点，一旦出现故障，整个系统将会崩溃。

2. 全局控制分散型 DDBS

如果 DDBS 中的全局控制机制和全局数据字典分散存储在网络的各个站点上，并且每个站点都能有效协调全局事务和控制局部数据库转换，则称该 DDBS 为分散型 DDBS。这种方式具有较好的站点独立性和高的可用性，不会因为单个站点的故障而影响整个数据库运行。缺点是全局控制机制的协调和保持事务的一致性较困难，需要复杂的设施。

3. 全局控制可变型 DDBS

全局控制可变型 DDBS 介于全局控制集中型 DDBS 和全局控制分散型 DDBS 之间。这种类型的 DDBS 中，根据应用的需求，将站点分成两组：主站点组和辅站点组。主站点组中包含全局控制机制和全局数据字典（或者为一部分），辅站点组中不包含全局控制机制和全局数据字典。

第二节 分布式数据库的物理结构与逻辑结构

"数据具有物理的和逻辑的两个侧面。"为此，可以从物理和逻辑两个角度分析分布式数据库的结构。

一、数据的物理存储

用户既可以在交互方式下输入 SQL 语句，也可以在高级程序设计语言源程序中嵌入 SQL 语句，DBMS 接收到这些 SQL 语句后，由 DBMS 的语言翻译处理程序进行处理，对于 DDL 语句，则将其转换成为 DBMS 可以识别的内部表示方式，并存储在数据字典中；对于 DME 语句，则将其转换成为内部可执行的存取序列。

从用户角度而言，用户所看到的数据形式是关系、元组，视图等逻辑数据结构，用户可以采用 SQL 语句对这些逻辑数据结构进行定义和操作。但是从物理存储角度而言，所有数据均必须以适当的形式存储在外存设备当中，考虑到 DBMS 在管理和存储大量数据的有效性和高效性，还必须提供某种适当的方式来完成从逻辑数据形式到物理存储形式的转换和映射。

数据库系统由文件系统发展而来，一般而言，目前大多数数据库系统实现的基础是操作系统的文件系统，对数据库中数据的操作最终要转换成对文件的操作，由操作系统完成。因此，对于数据库的物理组织而言，面临的核心任务就是如何将大量数据以最优的文件方式组织起来存储在物理存储介质上。

这里着重讨论三个方面的问题，包括存储介质体系、物理结构以及性能和优化；以逻辑形式表示的关系和元组在物理存储介质上的表示；如何高效地查找和存取存储在物理介质上的数据。

计算机系统可使用的存储设备有很多种类，典型的存储设备包括主存、硬盘等，每种存储设备的特性如存储方式、访问时间都各不相同，充分了解存储介质的体系和物理结构，对于数据库物理组织的高效实现是很有帮助的。另外，对于物理存储介质而言，基本数据单元体现为位、字节等概念，对于关系型数据库而言，基本数据单元体现为元组、关系等概念，因此，如何将元组和关系以适当的表示方式存储在物理介质上，是 DBMS 必须考虑和实现的，更进一步，适当的另外一层涵义是指逻辑数据与物理数据之间映射的高效性，具体体现为时间和空间的高效，时间上的高效是指存取效率高，速度快，存取时间短；空间上的高效是指存储效率高，存储空间少。事实上，选择合适的物理存储组织方式和数据存取方式，直接关系到数据库系统性能的高低。

（一）物理存储体系

计算机系统可以使用多种存储介质，这些存储介质在速度、容量以及其他存储特性方面各不相同，甚至存在多个数量级的差别，根据访问数据的速度等性能指标，计算机系统存储介质可以分成以下层次：

1. 高速缓冲存储器

高速缓冲存储器俗称 Cache，访问速度最快，单位成本最高，高速缓冲存储器在物理存储体系中最靠近中央处理器 CPU，一般集成在中央处理器芯片或者其他芯片上。操作系统直接管理高速缓冲存储器，所以在 DBMS 实现中，一般不考虑 Cache 的存储管理。

2. 主存储器

主存储器俗称主存或者内存，通常访问速度在纳秒级，在数据库系统运行期间，不论是指令的执行还是数据的访问，均需通过主存进行，DBMS 系统在主存中开辟缓冲区用于存储数据，缓冲区的单位是数据块，数据块容量越大，每个数据块可以容纳的数据库记录就越多，数据块容量大小由 DBMS 厂商具体决定。

3. 磁盘存储器

磁盘存储器俗称硬盘，通常访问速度在毫秒级，对于大规模数据库系统而言，主存储器的容量不足以容纳全部数据库的数据，更多的数据存放于磁盘存储器中，因此，在数据库运行过程当中，主存储器与硬盘之间需要进行数据交换操作，即磁盘 I/O 操作。磁盘存储器的存储单位是磁盘块，通常由 DBMS 负责磁盘块的管理，但是具体的磁盘 I/O 操作是通过操作系统的文件系统调用实现的。磁盘存储器与主存储器之间以数据块为单位进行数据交换，通常一个数据块大小等于一个或者若干个磁盘块大小。

4. 光存储器

光存储器的主流是光盘只读存储器 CD-ROM，访问速度低于磁盘存储器，但是成本低、容量大，单个 CD-ROM 容量超过 600MB，而自动光盘机由若干 CD-ROM 架组成，由自动机械臂快速选取其中一个 CD-ROM 进行数据读取，自动光盘机容量更大。光存储器中还包括 DVD（Digital Video Disk），单碟容量可达 GB 级别。光存储器的典型特点是很难频繁改写数据，因此，光存储器主要用于存储档案数据。

5. 磁带存储器

磁带存储器采用顺序访问方式，访问速度在秒甚至分钟级别，但是存储容量大，容量可达 TB 级别，因此一般用于数据备份或者系统备份。

（二）存储介质的物理结构

目前所有的 DBMS 均使用二级存储器，即上节所说的磁盘存储器，大量的数据存储在硬盘中。在 DBMS 实现中，为了减少硬盘数据访问时间，更好地提高数据库性能，必须详细地了解硬盘的物理结构。

硬盘由一个或者多个圆形的磁盘盘片组成，围绕磁盘轴旋转，磁盘盘片的上下表面覆盖磁性材料，用于记录二进制数据。磁盘盘片的上下两面分别有一个读写磁头，用于读写数据。每个磁盘盘片由若干个同心圆组成，同心圆称为磁道，所有磁盘盘片相同半径的磁道组成一个柱面，每个磁道又划分成扇区，同一扇区的扇段称为磁盘块。磁盘块是硬盘读写信息的最小单位，长度从 32 ～ 4096 字节不等，通常大小为 512 字节。因此，每个硬盘容量是磁盘盘面数、每磁盘盘面的磁道数、每磁道的扇区数和每个扇段字节数这四者的乘积。

硬盘在磁盘控制器的控制下工作，读写数据的工作过程如下：

首先，通过机械传动装置，将读写磁头移动到磁盘盘面的一个特定半径，即某一特定磁道。

其次，选择一个准备读写的盘面，并进一步选择该盘面磁道上的某一特定扇区。在磁盘轴的旋转下，读写磁头开始读写特定扇区。

最后，将从特定扇区所读取的数据传送至主存储器，或者将从主存储器读取的数据传送至特定扇区。

（三）物理存储性能及优化

1. 物理存储性能

在数据库管理系统中，主存储器中存放关键数据和正在访问的当前数据，而其他大量的数据存放于二级存储器中，所有的计算工作均在高速缓冲存储器和主存储器中进行，与内、外存之间的数据交换即磁盘 I/O 操作所消耗的时间相比，计算代价可以忽略不计。因此，考虑到磁盘存储器与主存之间读写磁盘块所消耗的时间通常比在主存中操作数据所消耗的时间要长得多，因此，评价数据库访问操作性能的一个重要指标就是磁盘 I/O 的次数。

磁盘 I/O 操作以读取数据为例，由磁盘读写数据的工作过程可知，从发出读取磁盘块命令开始计时，到该磁盘块的数据内容存放于主存储器为止，所经历的时间段如下：

（1）中央处理器和磁盘控制器处理读取命令所消耗的时间：该部分时间在零点几个毫秒之内，通常可以忽略不计。

（2）将读写磁头移动到某一特定磁道所消耗的时间：又称为寻道时间（Seek

Time），最好的情况是读写磁头恰好位于该特定磁道，此时寻道时间为 0，而最坏的情况是读写磁头必须跨越所有磁道，此时寻道时间最长。平均寻道时间往往作为衡量硬盘速度特性的重要指标。

（3）磁盘盘片通过旋转使得特定扇区到达读写磁头所消耗的时间：通常称为旋转延迟，最好的情况是旋转延迟为 0，最坏的情况是旋转延迟为磁盘盘片旋转一周的时间，因此，平均旋转延迟为磁盘盘片旋转一周时间的二分之一。

（4）扇区旋转通过读写磁头所消耗的时间：又称为传输时间。该部分时间取决于读取数据所占扇区的多少以及磁盘盘片旋转速度的快慢。

（5）将读取的数据通过总线传送至主存储器所消耗时间：可以忽略不计。

2. 物理存储性能优化

一般而言，用户很少考虑物理存储性能的优化问题，但是对于数据库管理人员 DBA 和 DBMS 实现人员来说，必须考虑该问题。

从 DBA 的角度来说，物理存储性能优化问题的实质就是物理设计上的优化问题。在实际应用环境中，不同厂商的数据库产品所采用的存储结构和数据访问方法各不相同，对于 DBA 而言，能够使用的系统配置参数和变量以及具体的优化方法也各不一样，因此，下面就物理存储性能优化的一般原则性问题进行论述。通常而言，DBA 对关系型数据库进行物理存储方面的优化时，需要考虑以下方面：

（1）如何确定和优化系统配置和磁盘镜像结构。

（2）如何确定和优化数据库的存储安排和存储结构，在 DBMS 具体实现中，整个数据库还可被划分为更小的单位，不同 RDBMS 划分方法不同。之所以进一步划分数据库，主要的原因是数据库系统能够以更小的存储单位进行更加灵活的数据管理，比如可以动态地、模块地分配不同类型的存储区，便于数据的物理恢复，也便于有效地对不同粒度的数据单位进行封锁，同时在处理数据安全方面具有更高的灵活性。

（3）如何确定和优化存取方法、建立存取路径，即索引的设计。

（4）如何确定和优化数据库的安全性指标和性能指标等，如 DBA 通过 DBMS 所提供的工具或者命令调整系统参数。

从 DBMS 内部实现的角度来说，可以通过某些优化措施来提高数据库系统的工作性能。比如，上述分析的前提条件是所有数据均存储于单一磁盘上，并且是从磁盘上随机选择块进行读写操作。如果是利用多个独立控制的磁盘存储数据的情况，DBMS 在内部实现中可以通过某些优化措施，充分利用磁盘的工作方式来提高磁盘的吞吐量，从而优化数据库系统的性能。优化措施包括：

（1）按柱面组织数据。从减少寻道时间（Seek Time）的角度出发，可以将可能被一起访问的数据（比如整个关系）组织存放在单个柱面或者相邻的柱面上。这样的话，读取整个关系时，就可以在单个柱面或者相邻柱面上连续读取，所消耗的时间只包括第一次寻道时间和第一次旋转延迟，其他时间就是传输时间，因此，磁盘 I/O 速率接近理论传输速率。

（2）使用多个磁盘。将数据合理分配到多个较小的独立控制的磁盘上，而不是集中存储在单一的大容量磁盘上。因为使用了更多读写磁头，每个磁盘都能够独立访问数据，所以在单位时间内可以并行访问更多的磁盘块。同时，也可以通过使用磁盘镜像冗余技术，利用多个磁盘进行备份来提高数据的可靠性。

（3）磁盘调度。当有多个磁盘 I/O 请求时，磁盘控制器通过合理调度，按照一定顺序来处理这些请求，使得读写磁头能够做一次跨越整个磁盘的完整扫描，避免频繁地进行多次寻道，从而提高磁盘吞吐率。

（4）异步读写和大规模缓冲。在某些数据库应用中，能够预测磁盘块的请求顺序，比如在连续柱面上存储有序关系，有序关系的数据存放在连续的柱面和磁盘块中，可以在使用这些磁盘块之前通过磁盘调度，预先将其传送至主存储器，减少磁盘 I/O 的次数。同样的道理，在写入磁盘块的调度中，可以先将数据的改动预先保存在主存储器中，延迟该数据的磁盘 I/O 操作，然后在合适的时刻一次性连续写入磁盘块，有效减少磁盘 I/O 次数，提高数据吞吐率。另外，在缓冲区大小的安排上，以磁道大小甚至柱面大小为单位，而不是以数据块或者磁盘块大小为单位进行安排，这样消耗的时间只包括第一次寻道时间和第一次旋转延迟，其他时间就是传输时间，因此，磁盘 I/O 速率接近理论传输速率。

二、DDBS 的物理结构

分布式数据库系统是依托于网络环境，对分布、异构、自治的数据进行全局统一管理的系统。全局数据库通过分片技术和副本复制技术将数据分散存储在各物理场地上。分布式数据库系统具有数据库系统提供的典型功能，包括模式管理、访问控制、查询处理和事务支持等。由于分布式数据库系统需要处理数据库的分布式特性，比传统的集中式数据库的实现复杂很多，因此大多数实际系统只是实现了部分功能。

典型的分布式数据库定义为：分布式数据库是一个数据集合，这些数据在逻辑上属于同一个系统，但物理上却分散在网络的不同场地上，各个局部场地上的数据支持本地的应用任务，并且每个场地上的数据至少能参与一个全局应用任务的执行。该定义强调了分布式数据库的两个重要特点：分布性和逻辑相关性。

从 DDBS 的物理结构讲，不同地域的计算机或服务器分别控制本地数据库及各局部用户；局部计算机或服务器及其本地数据库组成了此分布式数据库的一个场地（也称为成员数据库）；各场地用通信网络连接起来，网络可以是局域网或广域网。

三、DDBS 的逻辑结构

从 DDBS 的逻辑结构讲，整个分布式数据库系统被看成一个单元，由一个分布式数据库管理系统（DDBMS）来管理，支持分布式数据库的建立和维护；局部数据库管理系统（LDBMS）类似于集中式数据库管理系统，用来管理本场地的数据，并且各个局部数据库（LDB）的数据模式相同。

第三节　分布式数据库的体系结构分析

一、常见的数据库体系结构

（一）单用户数据库系统

整个数据库系统，包括应用程序、DBMS、数据，都装在一台计算机上，为一个用户独占，不同机器之间不能共享数据。

（二）主从式结构的数据库系统

主从式结构的数据库系统是一种多用户数据库系统，其中一个主机承载多个终端，所有相关组成要素（应用程序、DBMS、数据）都集中存放在主机上。用户通过主机的终端可以并发地访问共享的数据资源。这种结构的明显优势在于数据的集中存放，使得管理与维护变得更加容易，同时也有利于整体控制。然而，主从式结构也存在缺点，其中最显著的是主机负担过重，可能成为系统性能的瓶颈。此外，一旦主机发生故障，整个系统将不可用，从而降低了系统的可靠性。

（三）分布式结构的数据库系统

分布式结构的数据库系统在逻辑上整体，物理上却分布在网络的不同节点上。每个节点可以独立处理本地数据，并同时访问异地数据库以执行全局应用。这种结构的优势在于其适应了地理上分散的组织需求，同时充分利用了计算机网络的发展，支持局部和全局的应用。然而，分布式结构也面临一些挑战，其中最突出的是数据分布带来的管理难题，频繁访问远程数据可能对系统效率造成影响。

（四）客户/服务器结构的数据库系统

客户/服务器结构包括数据库服务器和客户机。在这种情况下，客户机上安装有 DBMS 外围应用开发工具，用户的请求传送至数据库服务器，后者只返回结果而非整个数据。这种结构的优势显而易见，它减少了网络数据传输，从而提高了系统性能、吞吐量和负载能力。此外，开放结构提升了系统的可移植性，同时也降低了软件维护的开销。其工作原理是客户端用户的请求传送至数据库服务器，服务器处理后只将结果返回给用户，从而减少了数据传输量，提高了系统的效率。

二、分布式数据库体系结构

当今流行的数据库系统的体系结构典型上为客户端/服务器模式，即按照层次结构描述方法将数据库系统的功能划分为两个层次：客户端功能和服务器功能。客户端为用户提供数据操作接口，而服务器为用户提供数据处理功能。这种体系结构适合于大多数数据库系统。分布式数据库系统按系统的功能层次划分，也可以描述为客户端/服务器结构；若从各场地能力划分，又类似于对等型（P2P）结构，因为各节点功能平等。

（一）基于客户端/服务器结构的体系结构

典型的客户端/服务器体系结构是两层的基于功能的体系结构，分为客户端功能和服务器功能。分布式数据库的全局数据分布于多个不同的场地上（数据服务器），由服务器完成绝大部分的数据管理功能，包括查询处理与优化、事务管理、存储管理等。在客户端，除了应用和用户接口外，还包括管理客户端的缓存数据和事务封锁，用户查询的一致性检查以及客户端与服务器之间的通信等。

实际上，根据具体的应用需求，可构建不同的基于客户端/服务器体系结构的分布式数据库系统。

第一，AP（应用处理器），用于完成客户端的用户查询处理和分布式数据处理的软件模块，如查询语句的语法、语义检查，完整性、安全性控制；根据外模式和概念模式把用户命令翻译成适合于局部场地执行的规范化命令格式；处理访问多个场地的请求，查询全局字典中的分布式信息等；负责将查询返回的结果数据从规范化格式转换成用户格式。

第二，DP（数据处理器），负责进行数据管理的软件模块，类似于一个集中式数据库管理系统，如根据概念模式和内模式选择通向物理数据的最优或近似最优的访问路径；将规范化命令翻译成物理命令，并发地执行物理命令并返回结果数据；负责将物理格式数据转换成规范化的数据格式。

第三，CM（通信处理器），负责为 AP 和 DP 在多个场地之间传送命令和数据，保证数据传输的正确性、安全性和可靠性，保证多个命令报文的发送次序和接收次序的一致。

根据不同的应用需求可以构建不同的客户端 / 服务器结构的系统。单 AP、单 DP 系统结构属于集中式数据库系统结构；多 AP、单 DP 系统结构属于网络数据库服务器系统结构；单 AP、多 DP 系统结构属于并行数据库系统结构；多 AP、多 DP 系统结构为典型的分布式数据库系统结构。另外，在 AP 与 DP 的功能配置上，可以是瘦客户端 / 胖服务器方式，也可以是胖客户端 / 瘦服务器方式。

（二）基于"中间件"的客户端 / 服务器结构

传统的客户端 / 服务器结构是由全局事务管理器统一协调和调度事务的执行，属于紧耦合模式，导致系统复杂度高、资源利用率低。为此，目前的分布式数据库系统均采用基于"中间件"的客户端 / 服务器模式，由中间件实现桥接客户端和服务器的功能，使客户端和服务器之间具有松散的耦合模式。目前，不同的分布式数据库系统采用不同的"中间件"软件，典型的如：Oracle 采用数据库链接实现分布式数据库间的协同操作；DB2 应用 DB2 Connect 服务实现多数据库的分布式连接；Sybase 应用 Omnoi Connect 或 Direct Connect 中间件模块实现多数据源的透明连接；Microsoft SQLServer 通过 OLE DB 访问多异类数据源。

尽管目前并没有支持商用分布式数据库系统的统一的中间件软件，但它们都是基于中间件思想的实现，是典型的基于"中间件"的客户端 / 服务器结构。数据库中间件是三层体系结构的中间层，不仅可以隔离客户端和服务器，还可以分担服务器的部分任务，平衡服务器的负载。数据库中间件的核心功能如下：

第一，客户请求队列：负责存放所有从客户应用处理器（AP）发来的数据请求，同时缓存客户的响应结果。

第二，负载平衡监测：负责监控数据库服务器（DP）的状态及性能，为数据库中间件的调度提供依据。

第三，数据处理：负责处理从数据库返回的数据，按照一定的规范格式将数据传送给 AP。

第四，数据库管理器：负责接收客户请求队列中的客户请求，调用相应的驱动程序管理器，完成相应的数据库查询任务。

第五，驱动程序管理器：负责调度相应的数据库驱动程序，实现与数据库的连接。

第六，数据库连接池：通常采用数据库连接池实现与物理数据库的连接。当客户请求队列中存在等待连接的作业时，数据库连接管理器检查数据库连接池中是否有相同的空闲连接。如果存在相同的空闲连接则映射该连接，否则判断是否达到最大的数据库连接数；如果没有达到最大连接数，则创建一个新连接并映射该连接，否则循环等待。

第四节　分布式数据库系统模式与组件结构

一、分布式数据库系统的模式结构

为了便于描述分布式数据库中不同程度的数据独立性，可以把 DDBS 抽象成多种层次结构，给出一种基于 ANSI/SPARC 数据模式的物理上分散、逻辑上集中的 DDBS 的体系结构。该模式结构从整体上分为两大部分：上部是 DDBS 增加的模式级别，下部是集中式 DBS 的模式结构，代表了各节点上局部数据库系统的结构。该结构提供完全透明的分布式数据库的功能。它由全局外模式层、全局概念模式层、局部概念模式层、局部概念模式层等组成，各模式间有相应的映象定义。

（一）全局外模式层

全局外模式层由多个全局用户视图组成，是全局概念模式的子集。如果用关系模型建立全局逻辑结构，则用户视图是全局关系模式的子集。对于完全透明的 DDBS 全局用户在使用视窗时不必关心全局数据的分片和分布细节。

（二）全局概念模式层

全局概念模式层是 DDBS 的整体抽象，定义了 DDB 中全部的数据特性和逻辑结构。对于提供完整透明性的 DDBS 而言，全局概念模式层包括三级模式：全局概念模式、分片模式、分布模式。

1. 全局概念模式

全局概念模式描述全局数据的整体逻辑结构，是 DDBS 的全局概念视图。描述方法与集中式数据库的概念模式的定义基本相同。定义全局模式所用的数据模型应便于向其他层次的模式映象，一般用定义关系模型的方法定义全局概念模式。这样，全局概念模式由一组全局关系的定义组成。

2. 分片模式

分片模式是全局数据整体逻辑结构分割后的局部逻辑结构、是 DDBS 的全局数据的逻辑划分视图。分片模式描述了分片的定义以及全局模式到分片的映象。这种映象是一对多的，即一个全局概念模式有多个分片模式相对应。对于采用关系模型的全局概念模式来讲，分片模式描述的是对全局关系模式逻辑部分的定义，即子关系模式的定义。一个全局关系可划分为多个片段，即 1 比 n 的关系，而一个片段只来自一个全局关系。

3. 分布模式

分布模式定义了各个片段到节点间的映象，即分布模式定义片段存放的节点，并不是全局数据在局部节点上的物理存储。对关系模型而言它定义了子关系的物理片段。在分布模式中规定的映象类型确定了 DDBS 数据的冗余情况，若映象为 $1:1$，则数据是非冗余型，若映象为 $1:n$，则允许数据冗余（多副本），即一个片段可分配到多个节点上存放。

由上面对三级模式（全局概念模式、分片模式、分布模式）的描述可知，从全局概念模式层观察 DDBS 时，它定义了全局数据逻辑结构和分布特性，然而并未涉及全局数据在局部节点上的物理存储。因此，仍然是概念层视图，即全局 DBA 视图。

（三）局部概念模式层

局部概念模式层是全局概念模式被分片和分布在局部节点上的局部概念模式及其影响的定义，是全局概念模式的子集。当全局数据模型与局部数据模型不同时，局部概念模式还应包括数据模型转换的描述。

如果 DDBS 除支持全局应用外还支持局部应用，则局部概念模式层应包括由局部 DBA 定义的局部外模式和局部概念模式，通常它们有别于全局概念模式的子集。

（四）局部内模式层

局部内模式是 DDBS 中关于物理数据库的描述。

（五）映象

上述各层之间的联系和转换是由各层模式间的映象实现的。在分布式数据库系统中除保留集中式数据库中的（局部）外部模式/（局部）概念模式映象、（局部）概念模式/（局部）内部模式映象外，还包括下列映象：

映象 1：定义全局外模式与全局概念模式之间的对应关系。当全局概念模式改变时，只需由 DBA 修改该映象，而全局外模式可以保持不变。

映象 2：定义全局概念模式与分片概念模式之间的对应关系。由于一个全局概念模式可对应多个片段，因此该映象是一对多的。

映象 3：定义分片模式和分布模式之间的对应关系，即定义片段与网络节点之间的对应关系。如果该映象是一对一的，则表明该系统是非冗余结构；若该映象是一对多的，则表示一个片段被分布在多个节点上存放，属于有冗余的分布式数据库结构。

映象 4：定义分布模式和局部概念模式之间的对应关系，即定义存储在局部节点的全局关系或其片段与各局部概念模式之间的对应关系，一个全局关系可对应多个片段，因此映象是一对多的。

在集中式数据库管理系统领域中，ANSI/SPARC 的三层体系结构已经被广泛认同，大部分的商业数据库管理系统都遵循这一体系结构。但在分布式数据库管理系统领域，每个分布式数据库管理系统所采用的技术都相对独立，所以几乎所有的系统都采用自己特有的体系结构。有的书并没有介绍这一体系结构。分布式数据库系统中增加的这些模式和映象，使分布式数据库系统具有了分布透明性。

二、分布式数据库系统的组件结构

一个 DDBMS 通常包括四个组件，分别是本地 DBMS 组件、数据通信组件、全局系统目录和分布式 DBMS 组件。

本地 DBMS 组件简写为 LDBMS，就是标准的 DBMS，负责定义和控制每个拥有数据库节点的本地数据。在同构分布式系统中，每个节点上的 DBMS 组件相同。在异构分布式系统中，至少有两个节点拥有的 DBMS 组件不同。

数据通信组件简写为 DC，就是使所有节点能够相互通信的软件，通常包含节点和链路信息。

全局系统目录简写为 GSC，与集中式系统的系统目录具有相同功能。通常包含能够表明系统分布特性的实质信息，例如分段、复制和分配方案。GSC 本身也可以是一个分布式数据库，对各种实质信息进行完全复制或者集中处理。完全复制的 GSC 的主要问题在于一个节点修改更新需要在所有节点实时传播。集中式GSC 的问题在于对中心节点的故障更加敏感。

分布式 DBMS 组件简写为 DDBMS，就是整个系统的管理控制模块，具有上一节提及的各种功能。

第五节 多数据库系统和对等型数据库系统

一、多数据库系统

多数据库系统（MDBS）是一些预先存在的、分布的、异构的和自治的数据库系统组成的一个协作的数据库系统。具体来讲，多数据库是指对已经存在的多个异构数据库，在不影响其局部自治性的基础上，构造一个相互协调的分布式软件系统，以支持对物理上分布的多个数据库的全局透明访问和互操作。

多数据库系统的管理软件称为多数据库管理系统（MDBMS）。参与构成多数据库系统的各数据库系统称为局部或成员数据库系统（LDBS），一个多数据库系统支持对多个成员数据库系统进行操作，每一个成员系统有自己的数据库管理系统（LDBMS）。局部数据库分布在网络的不同节点上，多数据库系统在所有局部数据库系统之上构成全局系统管理层，提供外部用户接口，使用户能实现对异种数据库的透明访问。多数据库系统屏蔽了不同数据库在物理上和逻辑上的差异，各局部数据库有充分的自治性。

多数据库系统作为数据库系统新的研究领域，它首先具有普通数据库系统的共有特征。例如，理想情况下 MDBS 也应该满足事务的 ACID 特性。此外，MDBS 还具有它自己的特征，其最基本的特征是已存性、分布性、自治性和异构性。

（一）已存性

在现代化的机构中，数据是有价值的资源和财富，数据及其应用是相对独立的，收集、维护和利用这些数据与一个机构的生存发展息息相关。由于各种各样的原因，这些数据可能被保存在不同的数据库或文件系统中，并且受技术、成本等所限，难以合并到一个数据库中，但它们仍然是有价值的，可以在新的应用环境中发挥作用。

已存性正是对这一客观事实的承认，即多数据库系统中的各成员系统在多数据库系统建立之前就已经存在，同时，已存性也意味着新出现的数据及其管理系统必须与原有的系统并存于一个多数据库系统中。

（二）分布性

多数据库用户需要的数据来自多个成员数据库，各成员数据库可以存储在同一场地，但更多的是工作于一个分布式环境中。分布性是指数据被分散地存储在各个不同场地上，各数据库的内容被融入用通信设备互联的计算机网络环境中。需要注意的是，多数据库与传统分布式数据库是不同的，这主要表现在多数据库不具备分布式数据库具有的逻辑协调性，即在分布式数据库中，数据虽然物理地分布在网络中不同节点上，但逻辑上仍属于同一系统，各场地上的数据子集相互之间能被严格的约束规则加以限定。这种逻辑协调性直接反映在分布式数据库的位置透明和数据分片上。在分布式数据库中，系统设计时就根据某些应用的需要从逻辑上对全局数据库进行了划分，并确定了数据存放的物理位置。

（三）自治性

在多数据库系统中，自治性是一个重要的设计原则，其核心体现在成员系统的独立设计和在局部数据库管理系统的控制下运行。每个成员系统都能够独立设计其数据库系统，且在局部数据库管理系统的监管下运行。这种独立性使得每个成员数据库管理系统能够保持对自身数据库的局部控制，具备自治决定与其他成员系统共享和协作程度的能力。然而，实现完全的自治性是一项困难的任务，因为在多数据库环境中，自治性需要重新定义数据的一致性、并发控制和事务处理。实际上需要在全局控制与局部控制之间取得平衡，以确保系统的有效运作。

（四）异构性

多数据库系统中存在异构性，主要体现在已存性和数据的异构性方面。已存性导致成员数据库之间存在不同的环境和数据特性。具体而言，环境的异构性表现为不同数据源拥有独立的运行环境，而数据的异构性则包括数据模式和数据语义上的不同。数据集成的任务是在全局屏蔽这些异构性，以实现用户对一致和合理的数据的访问。这需要通过一致的界面进行访问，以实现数据的共享和互操作。因此，异构性是一个需要被系统处理的挑战，而数据集成则是应对异构性的关键手段，旨在为用户提供一致而统一的数据访问体验。

二、对等型数据库系统

对等（P2P）网络是一种重要网络技术。P2P 网络由众多地位平等的网络主机自发随机组织或依特定规则组织而成，即使单个网络主机的资源非常有限，其也能提供丰富的资源和强大的服务能力。一些著名的文件共享系统取得巨大成功之后，P2P 网络被广泛运用于很多领域，具有广阔的应用前景。

（一）P2P 技术概述

在早期互联网时代，出现了一种新型的通信模式，即点对点（P2P）通信。与传统的 Client/Server 模式不同，P2P 没有客户机和服务器的概念，所有设备在网络中平等地进行通信。随着时间的推移，Client/Server 模式逐渐形成，主要是因为普通用户受到计算机性能和资源的制约，无法提供足够的网络服务。

随着计算机和网络性能的不断提升，人们开始重新认识直接通信的重要性，这促使了 P2P 技术的回归与发展。P2P 成为互联网的一枝奇葩，其应用占据了互联网流量的 90%。从 1999 年 Napster 的出现开始，P2P 得到了迅猛的发展，并受到了广泛关注。

P2P 的研究主题涵盖了多个方面，包括资源发现、安全体系结构、信息检索、文件共享、虚拟社区建设、性能分析以及共享激励机制等。这些研究方向旨在进一步完善和优化 P2P 技术，使其更好地适应日益复杂的网络环境。

P2P 技术的出现改变了传统的网络观念。它允许用户直接链接进行文件共享与交换，从而提高了信息传输的速度和效率。不仅如此，P2P 使信息需求者同时成为信息提供者，加速了信息的传输，革新了整个网络观念。通过 P2P，用户可以更加直接地参与到网络通信中，消除了中间环节，使网络上的沟通更为容易和直接。

P2P 的崛起在因特网时代表现得尤为迅猛，它颠覆了传统的以网站为中心的状态，实现了"非中心化"的网络架构。这一变革将权力重新交还给用户，追求通信效率成为网络发展的主导思想。

P2P 通信模式最符合通信追求效率的基本原则，为人们创造了一个完全自主的超级网络资源库。P2P 消除了中间环节，使网络通信更加高效。这种全新的通信方式为用户提供了更多的自主权和控制权，使网络不再局限于中心化的控制，而是呈现出一种更为开放和自由的结构。

（二）P2P 的特点

P2P 网络打破了传统 C/S 模式。在这种网络中，地位是对等的，不依赖中心化服务器，使得信息传输更加高效灵活。这一特性不仅提高了通信效率，还避免了传统中心化服务器可能引发的系统瓶颈。摆脱了服务器成为网络瓶颈的困扰，P2P 网络能够更充分地利用资源，实现更高水平的资源利用率。

总的来说，P2P 网络的特点主要体现在以下方面：

1. 可扩展性

完全分布式的组织结构使得 P2P 网络不存在单点性能瓶颈，用户或服务器组成的网络可以自由扩展。用户节点的组成方式使得系统资源和服务能力能够同步扩充，从而实现了可扩展性近乎无限。同时，通过服务器节点的平滑扩容，P2P 网络具备了自组织和负载均衡的特性，使得扩容变得轻松而高效。

2. 健壮性

P2P 网络架构分散服务，使得部分节点遭受攻击或损坏时对整个网络的影响较小，具备较高的容错性。此外，P2P 网络还具备自动拓扑调整的能力，即便部分节点失效，网络仍能自动调整拓扑结构，保持良好的连通性。而且，P2P 网络能够自适应调整，根据网络变化自动调整，包括节点的加离、带宽负载等，从而更好地适应复杂多变的网络环境。这使得 P2P 网络在面对各种攻击和变化时能够保持强大的稳定性和可靠性。

3. 高性能 / 价格比

P2P 网络的高性能 / 价格比是通过多方面的优势实现的。第一，该网络充分利用互联网中的普通用户节点，无需大规模部署昂贵的服务器设备。计算任务和数据分布到用户节点，实现了高性能计算、海量数据传输和存储。第二，为了降低成本，服务器组成的 P2P 网络采用了高性价比的普通服务器，替代了昂贵的超级服务器。这一系列特点使得 P2P 网络不仅在性能表现上高效而且成本相对较低，为用户提供了卓越的性价比体验。

4. 私密性

在私密性方面，P2P 网络采取了多层次的措施以确保用户信息的安全。一方面，信息被分散传输到各个节点，大大降低了隐私信息被窃听和泄漏的风险。由于纯 P2P 网络无服务提供商介入，用户不必担心个人信息被滥用的风险。另一方面，采用中继转发技术不仅提高了匿名通信的灵活性和可靠性，同时也增强了对用户的隐私保护。这种综合性的隐私保护措施使得 P2P 网络成为用户信息安全的理想选择。

5. 流量均衡

P2P 网络通过硬件资源和数据内容分布在多个节点的方式，实现了整个网络的流量均衡。这种流量均衡的优势源于 P2P 节点的广泛分布，使得网络流量得以更加优化地分布。硬件资源和数据的多节点分布确保了整个网络在高负荷情况下依然能够保持良好的流畅性。因此，P2P 网络不仅能够提供高性能，同时还能够有效地解决流量分布不均的问题，为用户提供更加稳定和可靠的服务。

6. 自组织、低部署维护成本

P2P 网络的自组织和低部署维护成本是其独特的优势之一。首先，网络无需中心管理者，采用自动计算技术实现自组织、自配置和自愈。这种自动化的管理方式降低了系统的部署维护成本，减少了人为配置错误的可能性。用户无需过多关注网络管理，大大简化了使用过程。这种自组织性和低成本的维护使得 P2P 网络更具吸引力，既降低了用户的使用门槛，又降低了运营和维护的成本，为广大用户提供了更为便捷和经济的服务。

（三）P2P 数据库系统架构

不同的 P2P 应用系统基于的网络系统模型不同，具体实现细节也不同，抽象出 P2P 网络系统所具有的共性，一般可包括以下层次：

1. 网络通信层

网络通信层是整个 P2P 系统中至关重要的一部分，它涵盖了局域网、广域网和移动通信网络，以及各种通信介质、协议和设备。在这个层面上，面临着多样性的挑战，因为不同网络环境的差异性需求需要得到满足。尤其在 P2P 系统中，Peer 的随意加入和退出可能导致阻塞和性能下降，因此动态调整网络拓扑成为网络通信层的一个关键点，以确保信息交换能够正常执行。

2. 覆盖节点管理层

覆盖节点管理层是 P2P 系统中的另一个关键组成部分，主要包括资源发现、资源定位、路由查找和路由优化等功能。P2P 网络作为基于内容的覆盖网络，其设计目标是提高消息和数据交换的效率。通过有效的节点管理，系统能够更快速、精准地定位和获取所需资源，从而增强整体性能。

3. 性能管理层

在性能管理层，涵盖了性能、安全、资源管理和可靠性维护等方面的关键点。P2P 系统相较于传统分布式系统更具有动态性和节点自主性，这增加了系统运行的不确定性。利用节点数量巨大的优势，可以通过资源冗余提高系统的可靠性和稳定性，例如在文件共享系统中实现数据的多副本备份。同时，性能管理层需要注重系统的安全性，防范潜在的安全风险，确保 P2P 系统能够长时间稳定运行。

4. 特定服务层

在 P2P 特定服务层中，任务调度、元数据、消息传递机制以及服务管理等方面是至关重要的组成部分。任务调度的灵活性允许支持多节点的并行或深度计算应用，提高系统整体性能。元数据在内容和文件管理方面发挥关键作用，有效帮助定位和管理资源。消息传递机制则促进节点之间的协同工作，加强系统的整体协同性。同时，服务管理负责有效管理 P2P 系统提供的各类服务，确保系统稳定运行。

5. 应用层

在 P2P 架构的应用层中，系统的最高层通过利用服务相关层提供的基本服务，实现了对灵活多变用户应用需求的满足。这一层次的功能涵盖了分布式计算、内容和文件共享以及即时通信等多个方面。尽管 P2P 应用层在不断发展，但其开发仍处于初期阶段，存在着不同协议、体系结构和实现方法的挑战。目前，缺乏完善、统一可遵循的标准，这使得 P2P 应用层的发展面临一系列的规范性和一致性问题，需要进一步研究和制定标准以促进其更加健康和可持续地发展。

第六节　Oracle 数据库系统的体系结构

Oracle 10g 数据库是一种具有网格计算框架的数据库系统，在完整性、安全性、可靠性、可管理性、可扩展性及可用性等方面具有领先地位。从早期的 Oracle 8、Oracle 8i 发展至今，Oracle 数据库不断地丰富发展，成为当前大型关系数据库的典范，同时也成为一个庞大的系统软件。Oracle 体系结构涉及的内容广泛，又是数据库的核心知识，充分反映了系统的特点和原理。所以，掌握 Oracle 数据库一定要认识体系结构。

一、Oracle 数据库逻辑存储结构

Oracle 数据库在逻辑上是可以按照层次进行管理的，从大到小分别为表空间、逻辑对象、段、区和数据块，小的逻辑结构包含在大的逻辑结构中。从数据库使用者的角度来考虑它的逻辑组成，可以分为 6 个层次。

（一）表空间

每个 Oracle 数据库都由一个或多个表空间组成。表空间是一个逻辑存储容器，它位于逻辑存储结构的顶层，用于存储数据库中的所有数据。表空间内的数据被物理存放在数据文件中，一个表空间可以包含一个或多个数据文件。在其他数据库系统（如 Microsoft SQL Server）中，一个数据库实例可以管理多个数据库，而每个 Oracle 实例则只能管理一个数据库，但其中可以建立多个表空间。

1. 使用表空间的优点

（1）能够隔离用户数据和数据字典，减少对 SYSTEM 表空间的 I/O 争用。

（2）可以把不同表空间的数据文件存储在不同的硬盘上，把负载均衡分布到各个硬盘上，减少 I/O 争用。

（3）隔离来自不同应用程序的数据，能够执行基于表空间的备份和恢复，同时可以避免一个应用程序的表空间脱机而影响其他应用程序的运行。

（4）优化表空间的使用，如设置只读表空间、导入 / 导出指定表空间的数据等。

（5）能够在各个表空间上设置用户可使用的存储空间限额。

2. 默认创建的表空间

Oracle Database 11g 创建数据库时，将默认创建以下表空间：

（1）SYSTEM。系统表空间，主要用于存放 Oracle 系统内部表和数据字典的数据，例如表名、列名、用户名等。Oracle 本身不赞成将用户创建的表、索引等存放在系统表空间中。表空间中的数据文件个数不是固定不变的，可以根据需要向表空间中追加新的数据文件，该表空间对应的数据文件是"SYSTEMO1.DBF"。

（2）SYSAUX。SYSTEM 表空间的辅助表空间，用于存储一些组件和产品的数据，以减轻 SYSTEM 表空间的负载，如 Automatic Workload、Oracle Streams、Oracle Text 和 Database Control Repository 等组件，都是用 SYSAUX 作为它们的默认表空间，该表空间对应的数据文件是"SYSAUX01.DBF"

（3）TEMP。临时表空间，用于存储 SQL 语句处理过程中产生的临时表和临时数据，用于排序和汇总等。

（4）UNDOTBS1。还原表空间，Oracle 数据库用来存储还原信息，实现回滚操作等。当用户对数据表进行修改操作（包括插入、更新，删除等操作）时，Oracle 系统自动使用还原表空间来临时存放修改前的旧数据。当所做的修改操作完成并执行提交命令后，Oracle 根据系统设置的保留时间长度来决定何时释放掉还原表空间的部分空间。一般在创建 Oracle 实例后，Oracle 系统自动创建一个名字为"UNDOTBS1"的还原表空间，该还原表空间对应的数据文件是"UNDOTBS01.DBF"。

（5）USERS。用于存储永久用户对象和数据，可以在这个表空间上创建各种数据对象。比如创建表、索引、用户等数据对象。该表空间对应的数据文件是"USERS01.DBF"。Oracle 系统的示例用户 HR 对象就存放在 USERS 表空间中。

（二）逻辑对象

逻辑对象（logic object）或模式对象，是由用户创建的逻辑结构，用以包含或引用它们的数据，如表、视图、索引、簇、存储过程、序列和同义词之类的结构。可以使用 Oracle Enterprise manager 来创建和操作逻辑对象。

（三）段

段（segment）由一组区（extent）构成，其中存储了表空间内各种逻辑存储结构的数据。例如，Oracle 能为每个表的数据段（data segment）分配区，还能为每个索引的索引段（index segment）分配区。

1. 数据段

在 Oracle 数据库中，一个数据段可以供以下方案对象（或方案对象的一部分）容纳数据：非分区表或非簇表；分区表的一个分区；一个簇表。

当用户使用 CREATE 语句创建表或簇表时，Oracle 创建相应的数据段。表或簇表的存储参数用来决定对应数据段的区如何被分配。用户可以使用 CREATE 或 ALTER 语句直接设定这些存储参数。这些参数将会影响与方案对象相关的数据段的存储与访问效率。

2. 索引段

Oracle 数据库中每个非分区索引使用一个索引段（index segment）来容纳其数据。而对于分区索引，每个分区使用一个索引段来容纳其数据。

用户可以使用 CREATE INDEX 语句为索引或索引的分区创建索引段。在创建语句中，用户可以设定索引段的区的存储参数以及此索引段应存储在哪个表空间中。（表的数据段和与其相关的索引段不一定要存储在同一表空间中。）索引段的存储参数将会影响数据的存储与访问效率。

3. 临时段

当 Oracle 处理一个查询时，经常需要为 SQL 语句的解析与执行的中间结果准备临时空间。Oracle 会自动地分配被称为临时段的磁盘空间。例如，Oracle 在进行排序操作时就需要使用临时段。当排序操作可以在内存中执行，或 Oracle 设法利用索引即可执行时，就不必创建临时段。

（四）区

区（extent）是 Oracle 数据库内存储空间的最小分配单位。一个段需要存储空间时，Oracle 数据库就以区为单位将表空间内的空闲空间分配给段。每个区必须是一段连续的存储空间，它可以小到只有一个数据块，也可以大到 2GB 的空间。

（五）数据块

区由数据块（data block）构成，数据块是 Oracle 数据库的 IO 单位，也就是说，在读写 Oracle 数据库中的数据时，每一次读写的数据量必须至少为一个数据块大小。

不要把 Oracle 的数据块与操作系统的 I/O 块相混淆。I/O 块是操作系统执行标准 I/O 操作时的块大小，而数据块则是 Oracle 执行读写操作时一次所传递的数据量，Oracle 数据块大小必须是操作系统 IO 块大小的整数倍。

Oracle 数据块的结构由以下部分组成：①块头：包含一般块信息，如块的磁盘地址及其所属段的类型（如表段或索引段）等。②表目录：说明块中数据所属的表信息。③行目录：说明块中数据对应的行信息。④空闲空间：数据块内还没有被分配使用的空闲空间。⑤行数据：包含表或索引数据，行数据可以跨越多个数据块。

Oracle 数据库支持的数据块大小包括 2kB、4kB、8kB、16kB 和 32kB 五种。在创建数据库时，初始化参数 DB_BLOCK_SIZE 指定数据块大小。该尺寸的数据块被称为数据库的标准块或默认块。数据库标准块大小一旦确定就无法改变，除非重新创建数据库。

在创建表空间时，如果不指定数据块的大小，所创建表空间的块大小将与标准块大小相同。但也可以使用 BLOCKSIZE 子句指定表空间的块大小。

数据库管理员（DBA）在指定表空间的块大小时应考虑行数据的长度。虽然 Oracle 允许行数据的存储跨越多个数据块（称为行链接），但这样会降低检索性能，因为从多个数据块检索一行数据所需的 I/O 次数要比从一个数据块检索多，所以一个数据库内的行链接越多，查询的性能就会越低。因此，为了提高性能，DBA 应该根据应用中行数据的长度创建适当块大小的表空间。

二、Oracle 数据库物理存储结构

Oracle 数据库的存储结构包括物理存储结构和逻辑存储结构，两者相互关联。

可以从物理的和逻辑的角度，去认识 Oracle 数据库的结构。物理存储结构指在操作系统下数据库的文件组织和实际的数据存储等。

从文件的角度看，数据库可以分为三个层次，Oracle 数据库的物理存储结构主要包括数据文件、控制文件、重做日志文件等，所有文件都是由操作系统的物理块组成。

（一）数据文件

数据文件（Data File）是用于保存用户应用程序数据和 Oracle 系统内部数据的文件，这些文件在操作系统中就是普通的操作系统文件，Oracle 在创建表空间的同时会创建数据文件。Oracle 数据库在逻辑上由表空间组成，每个表空间可以包含一个或多个数据文件，一个数据文件只能隶属于一个表空间。数据文件和其对应表空间的关系可以从 dba_data_files 数据字典中查看。

使用操作系统提供的文件系统，以数据文件的形式存储数据是最常用的数据存储方式，其优点是方便数据库管理，缺点是由于 Oracle 读写数据文件中的数据时，要经过操作系统的缓存，因此效率有所降低。

在非 RAC 环境下，Oracle 除了使用操作系统文件存储数据的方法以外，还有以下两种常用方法：

第一，使用原始分区。原始分区即没有任何文件系统的、未经格式化的磁盘分区。Oracle 像使用单个文件一样使用原始分区。使用原始分区的优点是，Oracle 对数据的 I/O 操作直接在原始分区上执行，而不会经过操作系统缓存，从而明显提高数据的读写效率；缺点是，管理不如文件系统方便。

第二，使用自动存储管理（ASM）。自动存储管理可以看作 Oracle 自身提供的专门用于数据库数据存储的文件系统，类似于操作系统的文件系统。

（二）控制文件

控制文件是一个二进制文件，这个文件很小，只有 64MB 左右，它记录数据库的物理存储结构和其他控制信息，如数据库名称、创建数据库的时间戳、组成数据库的各个数据文件和重做日志文件的存储路径及名称、系统的检查点信息等。

Oracle 打开数据库时，必须先打开控制文件，从中读取数据文件和重做日志文件信息。如果控制文件损坏，就会使数据库无法打开，导致用户无法访问存储在数据库中的信息。控制文件对检查数据库的一致性和恢复数据库也很重要。在实例恢复过程中，控制文件中的检查点信息决定 Oracle 实例怎样使用重做日志文件恢复数据库。控制文件对数据库来说至关重要，所以 Oracle 支持控制文件的多路存储，也就是它能够同时维护多个完全相同的控制文件拷贝，建立其镜像版本。一个 Oracle 数据库的控制文件数量、存储位置和名称由数据库的参数文件记录。

但当控制文件采用多路存储时，如果其中任意一个控制文件损坏，Oracle 实例就无法运行。

控制文件一般在 Oracle 系统安装或创建数据库时自动创建，它的存放路径由数据库服务器参数文件 spfileorcl.ora 的 control_files 参数值来指定，可以通过 show parameter control_files 命令来查看。控制文件的相关信息还可以从 vscontrolfile 动态性能视图中查看。

（三）重做日志文件

Oracle 的重做日志文件记录了数据库所产生的所有变化信息。在实例或者介质失败时，可以用重做日志恢复数据库。重做日志文件组存储数据库的重做日志信息，这组重做日志文件被称为联机重做日志文件。

联机重做日志组可以分为以下状态：

第一，current：LGWR 正在写入操作记录。

第二，active：这个文件是执行实例恢复要用到的文件，也就是这个文件中所记录的提交操作影响的数据还未全部写入磁盘。

第三，inactive：这个文件是执行实例恢复不会用到的文件，也就是其中提交的操作记录影响的数据已经全部写入磁盘。

第四，unused：这个文件还从未使用过。

每个数据库必须至少拥有两组重做日志文件。Oracle 实例以循环写入方式使用数据库的重做日志文件组，当第一组联机重做日志文件填满后，开始使用下一组联机重做日志文件，当最后一组联机重做日志文件填满后，又开始使用第一组联机重做日志文件，如此循环下去。

重做日志文件的相关信息可以从 vs logfile 动态性能视图中查看。如果数据库运行在归档模式下，在发生日志文件切换后，填满的重做日志文件被复制到其他地方保存。这些日志文件副本被称为归档日志文件。

（四）其他文件

1. 参数文件

Oracle 数据库的初始化参数文件（parameter file）的作用类似于一些 Windows 软件的 ini 文件，里面存储了所有的数据库启动参数。初始化参数文件的文件名为 initsid.ora，这里的 sid 为数据库对应的实例名称，其所在的默认目录为 %ORACLE_HOME%\database。

2. 口令文件

oracle 中的用户及其口令一般都存储在数据库中，但是 sys 用户例外，sys 用户及其口令是存放在口令文件（password file）中的。这是因为 sys 用户除了在数据库中拥有管理权限外，还拥有启动和关闭数据库等特殊权限，如果 sys 用户的口令也与其他用户的口令一样存储在数据库中，显然在数据库打开之前，就无法验证其口令的正确性。

除了 sys 用户的口令外，口令文件还存储了其他被授予 sysdba 系统权限的用户的名称及口令。

口令文件所在的目录一般为 %ORACLE_HOME%\database，其文件名为 pwdsid.ora。

3. 警告日志文件

警告文件（alert file）是一个简单的文本文件，可以看作数据库运行状况的记录，从数据库创建开始一直到被删除，数据库运行的信息都会被记录在这个文件中。通过这个文件，人们可以知道什么时候日志发生了切换，什么时候发生了内部错误，什么时候创建了表空间，什么时候把表空间或数据文件 offline、online，以及什么时候数据库被关闭、启动等信息。出现错误时，应该首先查看警告文件的内容，以得到解决问题的线索。

4. 跟踪文件

跟踪文件提供调试数据，其中包含大量的诊断信息。跟踪文件分为两种：一种是通过 DBMS_MONTTOR（Oracle 预定义包）启用跟踪产生的用户请求跟踪文件，DBA 用它可以诊断系统性能；另一种是发生内部错误时自动产生的。用户在通过 Oracle Support 请求解决遇到的严重错误时，需要上传这种跟踪文件。跟踪文件的存储路径由 user_dump_dest、background_dump_dest 和 core_dump_dest 三个初始化参数指定，它们分别用来存储专用服务器进程产生的跟踪文件，共享服务器进程和后台进程产生的跟踪文件以及发生严重错误时产生的跟踪文件。

三、Oracle 数据库物理存储结构和逻辑存储结构的关系

第一，一个表空间可以包含一个或多个数据文件，在一个表空间内可以存储一个或多个段，所以段数据可以存储在一个数据文件上，也可以存储在一个表空间内的多个数据文件上。

第二，每个段中包含一个或多个区，每个区由一个或多个数据块组成。

第三，向段分配数据文件内的空闲空间是以区为单位的。

第四，Oracle 数据块是操作系统（OS）块的整数倍。一个表空间内的所有数据文件只能使用同样的块尺寸。

第三章

大数据时代分布式数据库的设计策略

分布式数据库设计的一个重要问题是如何在分布式计算机网络中确定数据的分配，包括数据的分割、分布和冗余的设计。比如，如何把数据库分割成若干部分，并分配到不同场地上；如何分配这些分片，使某一费用函数最小；数据是否保持一定程度的冗余；哪些分片需要冗余的副本等。

第一节　分布式数据库的设计目标与方法

一、分布式数据库的设计目标

（一）处理过程的局部性

为使处理过程的局部性达到最大，则应按如下简单原则分布数据，尽可能地使数据接近使用它们的应用。实现处理过程的局部性是分布式数据库追求的主要目标之一。刻画处理过程局部性的最简单的方法是考虑两种访问数据的方法，"局部"访问和"远程"访问。很清楚，一旦应用的原始节点为已知时，那么访问的局部性和远程性就只取决于数据的分布了。

为了使处理过程的局部性达到最大（或使远程访问次数降至最少），则应按如下方法设计数据的分布：首先按照上述的简单数据分布原则确定数据的段存储和段分配，叫作该数据的候选段存储和分配。然后把对应于每一个候选段存储和分配的局部和远程访问次数相加（分别地），从而在它们之间选择最佳的解决方法。

当一个应用具有完全局部性时，要考虑到对上述优化准则进行扩充。我们用完全局部性这个术语来标识可以完全在其原始节点上执行的那些应用。完全局部性的优点不仅在于减少远程访问次数，还能提高控制应用执行的简单性。

（二）可用性和可靠性

分布式系统所具有的主要优点是可用性和可靠性。分布式数据库对只读应用的高度可用性是通过存储同一信息的多个副本来实现的。当正常条件下应该访问的副本不可用时，系统必须能够转向可替换的副本。

可靠性也是通过存储同一信息的多个副本来实现的。因为利用其他仍然可用的副本，能够从故障或副本之一的物理破坏中恢复。由于物理破坏可能由与计算机故障毫无关系的事件（如火灾、地震、人为破坏）引起，因此在地理位置分散的节点上存储重复的副本是相当重要的。

（三）负荷分布

在几个节点上分布负荷是分布式计算机系统的一个重要特点。分布负荷的目的是充分发挥每个节点上计算机的功能和可用性，也是为了使各应用执行的并行度达到最大。由于负荷分布可能会消极地影响处理过程的局部性，因此在数据分布设计时，必须在它们之间权衡以得到一种合适的方案。

（四）存储器的费用和可用性

数据的分布要考虑到不同节点上存储器的费用和可用性。在计算机网络中可以用一个专门的节点来存储数据，或者相反，也可以把数据分散存储到几个节点上。一般来说，与 CPU、I/O 和应用的传输费用相比，数据存储的费用是无关紧要的，但必须考虑到在每个节点上存储器的可用限度。

在数据分布设计中，同时实现以上所有的目标是极其困难的，因为这样做会使模型的优化复杂化。然而，可以把以上某些准则看作约束，而不作为必须实现的目标。（例如，可以对每个节点上负荷的最大量或最大可用存储容量制定出约束条件。）换句话说，可以分阶段实现上述目标，在初始设计时考虑到最重要的目标，而在优化中再努力实现其他目标。

（五）易于扩展处理能力和系统规模

当一个企业增加了新的部门时，分布式数据库系统的结构可以很容易地扩展系统，甚至是唯一的途径：在分布式数据库中增加一个新的节点，不影响现有系统的正常运行。这样比扩大集中式系统要灵活经济。在集中式系统中扩大系统和系统升级，由于有硬件不兼容和软件改变困难等缺点，升级的代价常常是昂贵和不可行的。

设计时同时考虑上面各个因素是很困难的，这将会因为产生的模型很复杂而不实用。通常，可以根据具体情况重点考虑其中的某些标准；或者采取分步考虑，在初始设计时集中考虑至关重要的标准，然后再针对其他标准进行优化。

二、分布式数据库的设计方法

（一）自顶向下设计方法

在自顶向下设计方法中，我们从设计全局模式开始，并从设计数据库的段存储着手，然后再将各段分配给各节点，生成物理图像。这种方法是通过在每个节点上对分配给该节点的数据进行"物理设计"来实现的。

自顶向下设计方法对那些从头开始开发的系统最具有吸引力，因为它允许我们选择合理的设计。当以现有数据库的聚集为基础来开发分布式数据库时，遵循自顶向下的设计方法就不容易了。事实上，在这种情况下，设计全局模式时，必须对现有数据库的数据描述进行权衡，找出一种适合所有数据描述的全局模式，这显然不是一件容易的事。虽然用不同的变换模式作为接口能将每一对现存数据库连接起来，而无须定义全局模式，然而这样做所产生的系统在概念上与我们的参考体系结构是不同的。

（二）自底向上设计方法

当将现有数据库聚集起来时，数据分布的设计可以采用自底向上的方法。这种方法是基于把现有模式综合成为一个单独的全局模式。所谓综合，我们指的是把公用数据定义合并，并消除在原数据库中对相同数据规定的不同表示法之间的冲突。

需要注意的是，自底向上设计方法本身不太适用于水平分片的关系的开发。事实上，同一全局关系的水平段必须具有相同的关系模式。这个特性在自顶向下设计中易于实施，而在自底向上设计中很难实施。因为在对单独设计的数据库进行综合的过程中，要满足同一关系的水平段必须具有相同的关系模式是相当困难的。由于水平分片是分布式数据库的相当重要的与有用的特性，因此综合处理过程可能要求修改局部关系的能义。以便能把这些局部关系看作公用全局关系的水平段。

当把原有的数据库聚集成为一个分布式数据库时，也可以使原有的数据库仍然使用它们自己的 DBMS，即构成异构型系统。因为需要在数据的不同表示法之间进行变换，所以异构型系统使数据综合的复杂性大大增加了。在这种情况下，可在每对不同的 DBMS 之间进行一对一的变换；然而在异构型系统的样机上采用这种方法的主要目的是选择公用数据模型。然后把涉及的 DBMS 的所有不同模式变换成这种唯一的表示法。

总之分布式数据库的自底向上设计要求如下：

第一，为描述数据库的全局模式，应选择公用数据库模型。

第二，把每个局部模式变换成公用数据模型。

第三，把局部模式综合成为公用全局模式。

因此，自底向上设计方法需要解决的三个问题对分布式数据库来说并不是特殊的，而且在集中式系统中也存在这些问题。

（三）自治方法

自治方法用于场地自治的分布式数据库系统。这种分布式数据库系统无全局模式的概念，每个场地的逻辑模式由本场地的逻辑模式加上共享的其他场地上的部分逻辑模式所组成。对每一个场地的用户来说，他们所看到的似乎是一个拥有自己所需要数据的集中式数据库。在设计这种分布式数据库时，可以像设计集中式数据库那样，先设计各个场地的局部数据模式，再通过双向协商确定各场地间共享的数据模式。

第二节　分布式数据库的数据分片设计

由于分片是分配的基本逻辑单元，是数据分布的基础，因而对于自上向下的数据库分布设计，分片设计是一个首要问题。分片设计的目的是根据全局关系确定非重叠的分片，很显然，数据的分布不能把全局关系的元组或属性作为分配单位，如果那样，将使数据无法管理。

数据分片也称数据分割，是分布式数据库的特征之一。"数据分片是指将DDB 的全局关系划分成相应的逻辑片段（逻辑关系）。数据分片有利于按照用户的需求较好地组织数据的分布，也有利于控制数据的冗余。"在分布式数据库结构中，全局数据库被构建为各站点局部数据库的逻辑集合。这种设计追求的目标是通过将局部数据库数据按照逻辑进行分割，从而减少网络通信，从而有效提高整体系统的效率。通过逻辑集合的方式，各站点可以在本地进行数据库操作，而无需频繁地与其他站点进行通信，有效降低了系统的通信开销。

一、分布式数据库的数据分片应遵循的规则

数据分片应遵守以下规则：

（一）完备性条件

在完备性条件方面，全局关系的设计要求所有数据都必须映射到各个片段，以防止数据不属于任何片段的情况发生。这一条件的设定保证了数据库的完整性，确保每个数据元素都能在全局关系中找到其位置。通过这种映射关系的要求，

系统能够有效地避免数据缺失或错误的情况，进一步提高了数据库的稳定性和可靠性。

（二）可重构条件

可重构条件的关键在于保证各个片段能够被重新构建成全局关系。为实现这一目标，水平分片采取并操作，而垂直分片则采取连接操作。这种操作方式的选择是有必要的，因为在分布式数据库中存储的数据实际上是全局关系的不同片段。通过水平和垂直的操作，系统能够确保分片数据之间的关联性，保障整体系统的可维护性和可扩展性。

（三）不相交条件

针对不相交条件，各数据片段被要求互不重叠，这有助于更好地控制数据的复制。主要适用于水平划分的片段，因为水平划分通常意味着数据在不同的站点之间进行了划分。对于垂直划分的片段，由于键重复出现在每个片段中，数据的复制不会引起冲突。通过这一条件的设定，系统能够更加有效地管理和维护分布式数据库的数据一致性。

二、分布式数据库的数据分片类型及其设计

分片设计是把全局关系的元组分成元组的子（水平分），或全局关系的属性分成属性子集，并将全局关系在其上投影（垂直分片），或者两者混合进行（混合分）。从分配观点上看，把"相同性质"的元组（属性）划归成片段是有利于片段分配的。

（一）水平分片设计

水平分片有两种，一种为原始水平分片，另一种为派生水平分片。

原始水平分片是在全局关系 R 上按一谓词 F 进行选择操作而产生的。正确的水平分片要求全局关系的每一个元组在一个且仅在一个片段中。这就是完全性规则。分片要求各片不相交，也即要求选择谓词 F 不相交。从应用观点讲，还要具有这样一种性质，即所有的应用均匀地访问每个片段中的元素。因此原始分片中的选择谓词就与应用有关。

派生水平分片是利用原始水平分片的某个属性划分的。一个全局关系 R 的派生水平分片不是由 R 本身的性质来划分，而是通过 R 与另一个全局关系 S 的原始水平分片（$S1$，$S2$，…，Sn）的半连接派生而来。

（二）垂直分片设计

当一个全局关系按它的属性分组时，每组称为该关系的一个垂直片。垂直片可以通过在全局关系的每个元组上执行 Projection 操作而得。

将全局关系 R 的属性集分成许多属性子集，一个子集对应于一个垂直片段。垂直片段要求完全性条件是全局关系 R 的属性至少属于一个片段。许多实际的应用往往只使用某垂直片段的信息，而不需要访问 R 的全部属性。有了垂直片段就大大增加了处理的局部性，对安全保密和缩短响应时间等都有好处。

垂直片段产生的方法有两种：一是分裂法，即先将一个关系（或一个片段）垂直划分为两个片段，再对两个片段继续划分，直到获得满意结果；二是分组法，即把关系的每个属性看成一个片段，再把单个属性汇集成一些组，经过反复分组试验，直至找到方便的满足应用要求的满意结果。这两种方法都有很强的试探性，它们都须经过反复试探才能选出某种最佳垂直分片方案。

（三）混合分片设计

通常，我们往往需要一些比较复杂的片，它们经过递归地使用水平片和垂直片操作而得，同时，每次都遵循分片条件。这样的片称为混合片。

混合分股本身就是水平分片和垂直分的结合。以分片操作的顺序来区分混合分片，有两种分片方式，即先水平分片再垂直分片和先垂直分片再水平分片。尽管这些操作可重复进行，最后可形成任意复杂的片段树。但是由经验可知，多于两层中间节点的片段树将无实际意义，这两种方法进行完第一次操作后，把第一次操作生成的片段看作关系，再进行第二次操作。

第三节　分布式数据库的数据片分配设计

片段分配是一项比较复杂的设计工作，虽然在分布式的文件系统中已经广泛地讨论了文件分配问题，但是作为一般的方法来讲，这个问题并没有得到圆满的解决。过去的研究都是在不同的目标、特定的环境和特定的约束条件下进行。所得的结论和经验对分布式数据库的片段分配是不可能全部借鉴的。原因如下：

第一，计算机网络上的分布式文系统的每个结构都是相同的，文件的作用也相同。而分布式数据库中的片段则可取不同的模式，即结构可以不同。如水平片与垂直片段的结构就不同；

第二，片段与全局关系相比数量要多得多，因其变量太多，计算量太大，借用文件分配的解析模型来计算片段的分配将十分困难。

第三，典型的文件应用是远程文件存取，比较简单，而分布式数据对数据的应用则比较复。

鉴于上述原因，文件系统的分配问题的解决方法不能用于解决分布式数据库系统的片段分配问题。正确解决片段分配的方法是使得数据分布有利于优化应用。因此对每一个可能的数据分配，都需要针对所有重要的应用进行优化选择。

数据分配是系统设计中至关重要的一个方面，其关键在于将数据分片存放在多个站点，以提高系统的可用性和可靠性。这种冗余的做法使系统在面临单一站点故障时依然能够正常运行。具体而言，当用户在本地访问数据时，系统会优先考虑本地数据，这有助于缩短系统响应时间，提供更好的用户体验。面对本地站点故障而不可用的情况，系统的设计允许直接访问其他站点上的数据副本，确保系统在任何时刻都能够保持最大可用性。

一、片段分配的准则

（一）处理局部性

处理局部性是数据分配的一个重要方面，旨在使系统更加高效。为了实现这一目标，数据的分布应尽量满足局部操作的需求，使大部分操作在局部场地内完成。具体而言，划分数据时，系统会将数据片段放置在最频繁访问或最接近的场地，以降低通信开销，提高系统的整体效率。此外，将应用分为局部存取和远程存取的方式，有助于提高局部性，进而提升系统的可用性和可靠性。通过这样的设计，不仅能够降低通信开销，缩短响应时间，更能够全面提升系统的性能水平。

（二）数据可用性和可靠性

尽量提高数据检索应用的可靠性，减少因数据检索和更新不同步造成的"脏数据"或"过时数据"。尽可能提高系统的可用性，使系统的管理和存储代价降低。

（三）工作负荷分布均匀性

在节点负载均衡与系统并行处理领域，关注的首要目标是实现各节点的负载均衡，以提高整个系统的并行处理能力。然而，这一目标并非轻松可达，因为它可能引发一个潜在的挑战，即降低处理的局部性，同时增加通信开销。在面对这两难的选择时，决策者应根据客户需求和系统目标明智地选择主要目标，将其他方面作为约束条件来权衡取舍。

二、片段分配的一般方法

有关片段分配的问题目前仍在研究之中，但已有一些方法。目前片段分配设计有两种：一种是非冗余分配，一种是冗余分配。下面分别叙述这两种方法。

（一）非冗余分配

非冗余分配的特点是一个片段只放置在一个节点上，这种分配相对简单些。

它有一种简单方法叫"最佳匹配"（best-fit）法。它对每种可能的分配做一个测试，选择其中测试结果最好的节点来分配片段，这个方法较为简单，而且不用考虑片段间的相互影响。

所谓最佳，即要求所花费的代价（以代价公式衡量）最小。这种分配方法的算法步骤如下：

第一步，设待分配的数据片段为 F_j，计算把数据片段 F_j 分配到网络各个站点的代价，包括各个站点产生的检索事务和更新事务对分配了数据片段 F_j 的站点上的 F_j 进行检索和更新所花费的代价之和。

第二步，比较所有的计算结果，将能产生最小代价的站点作为数据片段 F_j 的目标站点，将 F_j 分配到该站点上。

第三步，重复前两步直至数据片段集 F 中的数据片段都被分配。

用非冗余分配最佳适应法进行数据分配，存储代价最小，但是系统的可用性、可靠性和数据的访问效率不高，并且没有体现出分布式数据库系统的优越性，一般很少采用。

（二）冗余分配

1. 冗余分配的设计问题

冗余分配是将一片段按某种要求分配到两个以上的节点上，这就带来较为复杂的设计问题：①每一个片段的冗余度是变化的；②由于冗余分配，对只读应用将有如何选择最佳拷贝问题；③不可避免地必须考虑更新时处理片段的一致性问题。

2. 冗余分配的方法

（1）节点全受益法。它的基本思想是：找出节点的一个集合，其中每一个节点都满足条件：在节点上存放一个片段的拷贝所带来的效益优于由此所带来的花费，这样就将片段的拷贝分配给这些节点。

这种分配方法步骤如下：

第一步，用非冗余分配法将数据片段集 F 分配到站点集 S 上。设 $F_j\left(F_j \in F\right)$ 分配到 $S_k\left(S_k \in S\right)$。

第二步，对于任意 F_j，计算 F_j 分配到 S_k 上后，所有事务对数据片段 F_j 的处理代价。

第三步，选择一站点集合，计算在该站点集合中的每一站点上分配片段 F_j 所带来的得益和分配片段 F_j 带来的开销，若得益大于开销，就将该片段 F_j 的副本分配到该站点集合中的每一个站点上，否则，就不分配。其中，得益定义为增加副本的站点产生的检索事务对片段 F_j 的远程和本地的检索访问时间之差；开销定义为增加副本后对此副本进行的本地和远程更新访问的时间之和。

第四步，重复步骤第二步、第三步直至将数据片段集 F 中所有的数据片段都处理完。

冗余分配方法在一定程度上减少了检索事务的处理代价，但更新事务的处理代价有一定上升。选择所有收益场地法就是在寻找最优化的结合点，提供一个最佳冗余分配片段副本的站点，但也存在一些不足，算法中没有说明如何选择站点集合，站点集合选择的随意性对分配结果有很大影响，因为网络拓扑信息对计算代价有影响。

（2）启发式添加副本法。它的主要思想是：设待分配的数据片段为 F_j，首先用最佳适应法确定一个非冗余的最佳分配方案，然后再分别计算在剩余的场地中的一个场地上增加片段 F_j 的副本后整个系统的总费用，找出其中的最小费用，如果该费用大于增加 F_j 副本前的最小费用，则停止计算；否则，决定在相应的场地上增加数据片段 F_j 副本。这样一直计算下去，直到找出最小费用为止。

这种分配方法步骤如下：

第一步，采用"非冗余分配最佳适应法"选定一个分配方案，假设该方案决定将数据片段 F_j 分配到站点 S_k 上，计算出它的检索和更新处理代价。

第二步，在第一步的基础上，分别计算在剩余的站点中的每个站点上增加数据片段 F_j 的副本后整个系统的代价，得出最小代价。

第三步，比较第二步中得到的最小代价和复制数据片段 F_j 前的代价，若小于复制片段 F_j 前的代价，则在该站点上增加冗余副本，否则表明数据片段 F_j 处理完毕，选择下一个未处理的数据片段。

第四步，重复前三步直到将所有的片段都处理完。添加副本法是一种典型的启发式方法。它不但考虑到副本之间的相互影响，还考虑到副本数的增加带来的费用上升问题。从总的代价因素来考虑，增加副本数与提高系统的可靠性之间不是线性关系。从以往经验来看，当副本数为 2 或 3 时，系统费用较理想。当副本数进一步增加时，系统费用不一定会降低，甚至有可能上升。

（3）冗余分配试消副本法。它的主要思想是：设待分配的数据片段 F_j，先将数据片段 F_j 分配到网络中的所有场地上，计算出总的费用。再分别计算出在某一场地上去掉数据片段 F_j 副本后的总费用，找出其中最小者，如果这个最小费用大于去掉该场地上数据片段 F_j 前的最小费用，则停止计算；否则，去掉相应场地上的数据片段 F_j 的副本。这样一直计算下去，直到找出最小费用为止。

这种分配方法算法步骤如下：

第一步，设待分配的数据片段为 F_j，先将数据片段 F_j 分配到网络中的所有站点上，计算出总的代价。

第二步，在第一步的基础上，分别计算出在某一站点上去掉数据片段 F_j 的副本后的总代价，得出费用最小者。

第三步，比较第二步得到的最小代价和去掉该站点上数据片段 F_j 的副本前的代价，若小于去掉该站点上数据片段 F_j 副本前的代价，就去掉该站点上数据片段 F_j 的副本，否则表明数据片段 F_j 处理完毕，选择下一个未处理的数据片段。

第四步，重复前三步直到将所有的片段都处理完。试消副本法也是一种启发式方法，它的实现可以看作添加副本法实现的逆过程。

三、分配片的代价和效益分析

本节将对一个全局关系 R 给出评估分配片的代价与效益的简单公式。为此首先引入以下标记：i 表示片的下标；j 表示节点的下标；k 表示引用的下标；f_{kj} 表示在节点 j 上应用 k 的频率；r_{ki} 表示应用 k 对片 i 的检索次数；u_{ki} 表示应用 k 对片 i 的修改次数，$n_{ki}=r_{ki}+u_{ki}$。

（一）对于水平分片的情况

对一个非复制式分配使用最佳配合法，把 R_i 安排在对 R_i 的参考数为最大的节点上。在节点 i 上的 R_i 的局部参数是：

$$B_{ij} = \sum_k f_{kj} n_{ki} \qquad (3-1)$$

其中 R_i 分配在节点 j^*，使得 B_{ij}^* 为最大。

对复制分配使用"所有得益节点"法，把 R_i 放在所有满足以下条件的节点 j 上，在那里，应用的检索代价大于来自任何其他节点的应用对 R_i 的修改代价。因此有：

$$B_{ij} = \sum_k f_{kj} r_{ki} - C \times \sum_k \sum_{j' \neq j} f'_{kj} u_{ki} \qquad (3-2)$$

其中，C 是一个常数，它表示一个修改代价和一个检索代价之比。通常，修改是比较花费代价的，因为它们要求大量的控制信息和局部操作，因此往往有 $C \geq 1$。当 R_i 分配在所有节点 j^* 上时，B_{ij} 是正的，当 B_{ij}^* 为负时，R_i 的单个副本放在使得 B_{ij}^* 为最大的节点上。

对复制分配还使用"增加复制"法。我们用增加系统的可靠性和有效性来度量安放 R_i 一个新副本的效益。刚开始时，这种效益与 R_i 的冗余度不成比例。令 d_i 表示 R_i 的冗余度，F_i 表示 R_i 在每个节点上完全复制所产生的效益。

我们引入函数 $\beta(d_i)$ 来度量这个效益：

$$\beta(d_i) = \left(1 - 2^{1-d_i}\right) F_i \qquad (3-3)$$

有 $\beta(1)=0$，$\beta(2)=F_i/2$，$\beta(3)=3F_i/4$，等等。

现在我们来估价在节点 j 上引入 R_i 的一个新副本的效益。对式（3-2）修改如下：

$$B_{ij} = \sum_k f_{kj}r_{ki} - C \times \sum_k \sum_{j' \neq j} f'_{kj}u_{ki} + \beta(d_i) \qquad （3-4）$$

这个公式考虑了复制度。

（二）对于垂直分片的情况

设有一个垂直分割，它把分配在节点 r 的片 R_i 分割成两个分别分配在节点 s 和 t 的片 R_s 和 R_t。这个分割的效果是：首先存在两个分别在节点 s 或 t 上发出的应用的集合 A_s 和 A_t，它们分别仅使用属性 R_s 或 R_t，因而对节点 s 和 t 是局部的。这些应用省去了一个远程参考。其次，存在一个应用集合 A_1，它以前对 r 是局部的，并仅使用属性 R_s 或 R_t。现在这些应用需要增加一次远程参考。然后，存在一个应用集合 A_1，它以前对 r 是局部的，但要同时参考属性 R_s 和 R_t，这些应用要增加二次远程参考。最后，存在一个应用集合 A_s，它们在 r、s、t 以外的节点上，并且同时参考属性 R_s 和 R_t，这些应用要增加一次远程参考。由此，现在我们来估价这个分割的效益：

$$\begin{aligned} B_{ist} = \sum_{k \in A_s} f_{ks}r_{ki} + \sum_{k \in A_t} f_{kt}r_{ki} - \sum_{k \in A_1} f_{kt}n_{ki} \\ - \sum_{k \in A_2} 2 \times f_{kr}n_{ki} - \sum_{k \in A_3} \sum_{j \neq r,s,t} f_{kj}n_{ki} \end{aligned} \qquad （3-5）$$

为了简单起见，这个公式计算了存取数。为了区别检索存取和修改存取，在考虑了它们不同的代价之后，可以用 $(r_{ki}+C \times u_{ki})$ 来代替 n_{ki}。这个公式可以用在枚举切割算法中，它通过尝试节点 s 和 t 的所有可能组合来确定把节点 i 上的 R_i 切割成节点 s 上的 R_s 和节点 t 上的 R_t 是否合适。特别要注意在 $r=s$ 和 $r=t$ 时的使用。

（三）对垂直分簇的情况

设有一个垂直分簇，它把分配在节点 r 上的片 R_i 垂直分簇成分别分配在 s 和 t 上的两个片 R_s 和 R_t，并具有覆盖属性 I。分簇要求再次考虑对垂直分割所引起的应用组：首先，A_1 包括对节点 s 是局部的应用，因为它们或者读 R_t 的任何属性，或者修改不在重叠部分 I 内的 R_t 的属性，但对 A_1 保持不变。其次，A_2 包括以前对 r 是局部的修改应用，且对 I 的属性做一次修改，因为现在它们需要同时访问 R_s 和 R_t。第三，A_3 包括除了 r、s 及 t 以外的应用，它们修改 I 的属性，也需要存取 R_s 和 R_t。我们仍使用式（3-5）来估价这个分簇的效益。

四、分片与分配关系

在分布式数据库的设计中，关键环节之一是分片与分配模式的设计。这一设计在整个分布式数据库模型的结构中占据着重要地位。其主要目标之一是提高系统的可靠性和可用性。通过精心设计的分片与分配模式，系统能够显著提升其在面对各种挑战时的稳定性和可用性。在这一设计过程中，一个常见的问题是关系或文件的划分。在分布式和集中式数据库中，对关系进行划分是一项普遍存在的任务。有时为了追求更高的性能，会选择在集中式数据库中进行关系独立分片。这一决策需要在性能和数据独立性之间找到平衡点。

分布式数据库设计中，分片是为了数据的分配，以使数据访问具有较优的局部性。这有助于提高系统整体的性能和效率。虽然数据分片和数据分配是两个不同的概念，但它们却密切相关，无法完全孤立。一个精心设计的数据分片方案通常伴随着有效的数据分配策略，二者相互支持，共同构建一个协调有序的分布式数据库系统。

在确定如何分片和分配数据时，需要进行各种方案的权衡比较，考虑不同的收益开销比。这涉及对系统整体性能、成本和可维护性等多个因素的全面考量。最终确定最优方案，需要根据客户需求和应用程序需求进行决策，经过多方位的比较和权衡。通常，启发式方法被应用于分片与分配设计的过程中。这包括应用分析评估、提出初步的分片方案、比较不同的分配设计方案的收益开销比，并最终确定最佳方案。这一过程需要灵活性和创造力，以适应各种复杂的系统和应用场景。如果初步的分配设计方案不尽如人意，还可以进行方案的调整，直到达到较优的状态。

第四节　大数据库的分布存储策略分析

数据库大数据分布式存储技术是一种新型的大数据存储技术，主要通过零散的网络空间分布存储数据，有效地节约了存储成本，提升了数据管理效率。大数据分布式存储系统是以大数据分布式存储技术为基础的存储系统，能够满足用户的多样化需求，加快了信息数据的处理速度，提升了数据管理人员的工作水平，具有非常高的应用价值。大数据分布式存储技术和存储系统应当得到人们的欢迎和使用，这样才能带动大数据的发展，才能让大数据的价值得以显现。

一、数据的分布策略

在分布式数据库中，数据的分布问题是指数据以一定的策略分布在计算机网络节点上。存在着四种分布策略，它们各有优缺点，下面将从可靠性、数据存储、查询和修改的响应时间、各种机构以及在软件和通信方面伴随的代价等方面进行简单的讨论。

（一）集中式分布策略

所有数据只有一份，它们均安置在一个节点上。

1. 集中式分布策略的优点

集中式分布策略的主要优点如下：

（1）简单。所有的活动都在单个节点上，因此控制容易。

（2）易懂。相对于 DDB 而言，问题和操作易于理解。

2. 集中式分布策略的缺点

集中式分布策略的主要缺点如下：

（1）延迟时间可能较长，因为所有的检索和修改必须通过 r 中央节点。

（2）并行性差。单个节点往往仅由单个计算机组成，因而影响了并行处理，并且整个存取 DB 的活动受到该处理器速度的限制。

（3）可靠性差。通信一旦失败，对所有远程用户而言，DB 将无效，中心节点失败后，整个数据库也就失败。

（二）分割式分布策略

所有数据只有一份，它们被安置在若干个节点上。

在分割式数据分布策略中，数据库被划分成不同的子集（称为逻辑片）。每个逻辑片被指派到一个特殊节点。

1. 分割式分布策略的优点

分割式数据分布策略的优点如下：

（1）存储量大。整个网络中二级存储器均可用来存储数据。

（2）通信代价低。检索和修改所需数据的存放节点的高局部性以及数据库存取的高局部性。

（3）响应时间小。DDBMS 可以发掘尽可能并行的潜力。

（4）可靠性和有效性提高。当通信设施部分或全部失败或一个节点或多个节点失败时，系统至少仍可能运行，数据库也可能继续有效。此外，还具有高度的参考局部性。也就是说，在一个节点上安排的数据总是为用户所存取。一般而言。较高的参考局部性蕴涵着较大的数据库有效性。例如，一个用户的请求可以被局部存储的数据所满足，那么，其他节点的失败或通信的失败将不影响这个请求。

2．分割式分布策略的缺点

分割式的主要缺点如下：

（1）对于全局性的查询，所需的通信代价和时间延迟大于集中式。

（2）在低的参考局部性下，由于网络中至少一个节点失败的概率大于单个节点失败的概率、因此有效性不及集中式。

（三）复制式分布策略

数据有多份副本，在每个节点上安置一个完整的数据库副本。

1．复制式分布策略的优点

复制式数据分布策略的主要优点如下：

（1）可靠性最高。由于在每个节点上都有一个完整的数据库副本，故其可靠性在四种算法中是最高的。

（2）较快的响应时间。特别对于只是检索的情况有较快的响应时间。

（3）回退和恢复的简单性。一个数据库的一致性副本可以从网络中任何节点获得。

2．复制式分布策略的缺点

复制式的主要缺点如下：

（1）同步复杂且代价高。

（2）数据库的容量只能是一个节点的二级存储量。

（四）混合式分布策略

数据库分为若干子集，子集中的数据被复制并安置在不同的节点上，但是任一节点都没有全部数据。

混合式数据分布策略兼顾了分割式和复制式两个方法，它希望获得二者的优点，可惜也带进了二者各自的复杂性。

1．混合式分布策略的优点

混合式数据分布策略的主要优点如下：

（1）灵活性大。对各种情况可灵活安排，以提高整个系统的效率。例如，对不重要的数据仅有一个物理副本，而重要的数据可以安排多个物理片。这里物理片指的是每个逻辑片的物理副本。

（2)通信代价低。一方面，一个逻辑片的复制(多个物理片)使得同步代价(包括通信代价)增加，但另一方面，更多的数据在局部区域有效，结果可能使通信总量变小（例如对某个检索）。

（3）并行处理提高。由于参考局部性的程度增加，使得系统并行处理相对容易发掘，结果响应时间也变短。

（4）可靠性提高。由于多副本而使可靠性增加。

2. 混合式分布策略的缺点

混合式的主要缺点如下：

（1）同步将与每个逻辑片相连的任意物理片有关，这就使得同步变得困难。

（2）分布式查询处理和优化的复杂性增加。

综上，在 DDBMS 的设计中，采用何种数据分布策略是一个十分重要的问题。DDBMS 允许的数据分布策略和在一个特殊的数据库实现中采用的策略可能是有区别的。因为一个特殊的数据库实现可能并不需要 DDBMS 的全部功能。例如，虽然 DDBMS 允许三种分布策略，但可能实现的是一个集中式数据库。更有趣的例子是，DDBMS 支持的是混合式策略，而数据库的实现用了退化情况：分割式或复制式数据分布。当然，如果一个数据库的实现是 DDBMS 允许的退化情况，则其结果将是浪费资源，增加了不必要的软件复杂性和降低系统效率。

在实现数据分布时，数据管理必须完成相应的一些工作。数据的分布给数据管理带来了如下一些问题。

第一，多副本数据的一致性问题。采用多副本可以提高读数据的局部性；但在更新数据时，保持多副本数据的一致需要一定的系统开销。

第二，数据分布一致性问题。当数据库数据发生变化时，需要进行数据的重新分布，既要考虑基本分割中的数据重新分布，也要考虑导出分割中的数据重新分布。

第三，全局查询优化的问题。在实现全局查询时，系统必须将其转换成相应的子查询，并选择适当的副本，进行查询的优化处理。

第四，分布式事务管理问题。由于数据是分布的，处理数据的事务一般也是跨场地的，这就给并发控制和事务恢复带来了新的问题。

如果分布式数据库管理系统（DDBMS）解决了以上问题，则称此分布式数据库系统是分布透明的。这包括：分片透明性、位置透明性和局部数据模型透明性。分片透明性是分布透明性的最高层次，是指用户或应用程序只对全局关系进行操作，而不必考虑关系的分片情况。当分片模式改变时，修改全局模式到分片模式的映象，使全局模式保持不变，从而应用程序不变。位置透明性是指用户或应用程序不必了解分片的存储地点。当存储地点改变时，改变分片模式到分布模式的映象，使分片模式保持不变，则应用程序不必改变；当副本数目改变时，数据冗余度改变，由系统保证数据的一致性。局部数据模型透明性是指用户或应用程序不必了解局部场地上使用的是什么数据模型。模型的转换以及查询处理语言的转换均由系统自动完成。

二、分布式文件系统 HDFS

当前，个人计算机的硬盘存储容量在不断地增加。但是，在大数据时代，单台计算机的存储容量在信息爆炸时代面前都是渺小的。而单纯地通过增加硬盘个数来扩展计算机文件系统的存储容量，也存在容量增长速度慢、数据的可靠性无法保障、可扩展性差等问题。在这种情况下，分布式文件系统为人们提供了一种解决大数据存储的方案。

分布式文件系统在单台计算节点文件系统之上，利用网络将大量的计算节点互联，向下将各个节点中的存储容量进行集中管理，向上为用户提供透明化服务，使得人们在使用分布式文件系统时就像使用本地文件系统一样，无须关心数据是存储在哪个节点上或者是从哪个节点上获取的。而 HDFS 就是 Hadoop 分布式文件系统，是 Hadoop 中的一个重要组件。

（一）HDFS 的设计目标

作为一个分布式文件系统，HDFS 与其他分布式文件系统既有相似之处，也有不同之处。HDFS 被设计成可以运行于廉价的机器上、能够实现高容错的文件系统。它能够为大数据处理提供较高的吞吐量。HDFS 的设计目标包括如下内容：

1. 硬件故障容错

HDFS 被设计成可运行于由成千上万台廉价的普通 PC 或者商用服务器组成的集群上。集群的每个组成部分都可能在运行时发生故障。因此 HDFS 的设计者认为硬件发生故障是常态，而不仅仅是异常。在这种情况下，为了保证数据的安全性和系统的可靠性，故障的检测和自动快速恢复是 HDFS 的一个核心设计目标。数据在 HDFS 中会自动保存多个副本。在因机器故障而导致某一个副本丢失以后，HDFS 副本冗余机制会自动复制其他机器上的副本，保障数据的可靠性。

2. 流式数据访问

由于面向大数据处理，HDFS 采用的数据访问模式是一次写入、多次读取。它更多地关注数据访问的吞吐量，而不是数据访问过程中的时间延迟。因此，HDFS 被设计成适合批量处理而不适合于与用户交互的应用。为了提高数据访问的吞吐量，HDFS 去掉了一些 POSIX 的硬性要求。

3. 面向大数据集

运行于 HDFS 之上的应用一般具有大数据集，典型的 HDFS 文件大小达到 TB 量级。因此，HDFS 被设计为支持大文件处理。HDFS 不适合于小文件的处理，大量的小文件将占用 HDFS 中的 NameNode 节点来存储文件系统的文件目录等信息。

4. 简化的一致性模型

HDFS 采取的是一次写入、多次读取的数据访问模式。因此，一个文件一旦被创建并写入数据，便不能修改。因为存储在 HDFS 中的文件都是超大文件，当上传完这个文件到 Hadoop 集群后，会进行文件切块、分发和复制等操作，如果文件被修改则会导致重新触发这个过程。所以一次写入、多次读写的模式简化了对数据一致性问题的处理，从而能够保证数据访问的吞吐量。

5. 移动计算程序比移动数据更经济

在对大数据进行处理时，在靠近数据所存储的位置进行计算是最经济的做法，因为这样避免了大量数据的传输，消除了网络的拥堵。为此，HDFS 提供了接口来让计算程序代码移动到靠近数据存储的位置。

6. 跨异构软硬件平台的可移植性

基于 Java 语言进行开发，HDFS 被设计为易于从一个平台移植到另一个平台，这使得 HDFS 能够得到更广泛的使用。

（二）HDFS 的原理、结构及存储策略

HDFS 是如何将 PB 级的大文件存储到一个集群中并保证数据的可靠性的呢？这涉及 HDFS 中的数据块、HDFS 的架构以及 HDFS 块的备份存储等内容。

1. HDFS 的数据块

HDFS 将大文件按照固定大小拆分成一个个数据块，然后将数据块发送到集群的不同节点进行存储。在初期，HDFS 的数据块默认大小为 64MB，在 Hadoop 2.0 之后，数据块默认大小为 128MB。数据块的大小可以根据需要进行修改。由于数据块是 HDFS 基本的存储单元，如果一个大文件被分割，其中最后一块的内容可能小于 128MB，该部分内容也将作为一个数据块存储。同时，如果一个文件本身就小于 128MB，那么其也将被作为一个数据块存储。并且，HDFS 在将大文件分成各个数据块的时候，并不关心文件里边的内容，而是根据内容在文件的偏移量（相对于文件头的偏移）来进行分割。因此，可能会产生逻辑上完整的内容，比如一个非常大的文本文件中的一行内容，在分割之后被分别存储于不同的数据块中。对于文本文件而言，为了保证在处理时数据的完整性，HDFS 在读取到一个数据块之后，判断如果当前的一个数据块不是文件起始的数据块，则会将当前块的第一行内容丢弃，但会多读取一行，以保证块末尾被分割内容的完整性。

HDFS 将数据块大小设置为 64MB 或者 128MB 是权衡之后折中的一个结果。如果将数据块的大小设置为一个较小的数值，将导致一个大文件被分割为大量的数据块，那么在读取文件时将消耗更多的时间去查找数据块、定位数据块和传输数据块中的数据。因此，HDFS 将块的大小设置为一个较大的值是为了减少查找的时间，减少定位文件与传输文件所用的时间。但是，如果将数据块的大小设置得过大，就会影响后续基于 HDFS 的 MapReduce 分布式计算。按照代码向数据迁移的原则，在 MapReduce 任务中，数据块的个数对应负责分布式计算的计算节点的个数。因此，较少的数据块但每个数据块比较大，将会使得计算任务运行效率降低。

2. HDFS 的架构

如果将大文件分割为一个个数据块后分散到不同的节点进行存储，那么 HDFS 如何管理这些数据块以保证文件的完整性呢？ HDFS 采用主从架构设计。具体来说，HDFS 所管理的集群有两类计算节点：NameNode 节点（圆角矩形框）和 DataNode 节点（矩形方框）。NameNode 和 DataNode 可以由同一个计算节点来承担，但是这样会限制 HDFS 的性能，所以实际中一般会由一个单独的节点来作为 NameNode。

一个集群中包含一个 NameNode 节点、一个 Secondary NameNode 节点。Secondary Name-Node 为主 NameNode 节点提供备份。NameNode 节点运行 NameNode 进程，是 HDFS 的管理节点，负责维护整个文件系统的文件目录树、文件 / 目录的元信息、每个文件对应的数据块列表以及数据块存储于哪个 DataNode 等信息。所存储的这些信息都会在 NameNode 启动之后存到内存之中。

DataNode 节点运行 DataNode 进程，是 HDFS 的数据存储节点，并且要负责用户对数据的读取请求，一个集群会有多个 DataNode 节点。大文件的一个数据块在 DataNode 节点上会以一个独立的文件形式存放。并且在 DataNode 的本地文件系统中，不同数据块的文件不会放置于同一个目录之下，DataNode 会在适当的时候创建子目录，因为 DataNode 的本地文件系统可能无法高效地在单个目录中支持大量的文件。

当一个 DataNode 启动时，它首先将自身的一些信息（如 hostname、version 等）发送给 NameNode，向 NameNode 节点进行注册。它也会定期地将本地文件对应的数据块信息发送给 NameNode，帮助 NameNode 建立各个数据块到 DataNode 的映射关系。除此之外，它还不断地向 NameNode 发送心跳以报告自己的状态（是否存活），还发送剩余可利用的存储空间等信息。而且 NameNode 也会随着 DataNode 的心跳返回一些指令给 DataNode，如删除某个数据块。

3. 数据块的多副本存储策略

实际中，由于 HDFS 集群中的计算节点有可能会出现宕机等情况，影响存储在其上的数据的可靠性。为此，HDFS 在设计时提供了数据块的多副本存储策略，也就是 HDFS 为每个数据块在集群中提供多个备份。而对于备份机器的选择，

HDFS 也经过充分的设计和优化。由于 HDFS 运行在由大量包含一定数量机器的机架所组成的集群之上，两个不同机架上的节点是通过交换机实现通信的，一般来说，相同机架上机器间的传输速度优于不同机架上的机器，因此在考虑数据存储可靠性和减少对网络带宽的占用以及提高数据在复制过程中的传输速度的情况下，HDFS 采取的是同节点和同机架并行、三副本存储的默认模式。也就是说，在默认情况下，每个数据块在集群中有 3 个副本，第一个副本存储在用户所使用的机器节点上，第二个副本存放在集群中与第一个副本不同机架的机器节点上，第三个副本存放在与第二个副本同一个机架的不同机器节点上。

HDFS 根据机器所处的机架来选择存储节点，其也被称为具有机架感知功能。同时，副本的数量在实际中是可以自定义的。如果数据量很大但并不十分重要，如访问日志数据，那么可以减少副本的数量或者关闭副本复制功能。

三、基于 NoSQL 数据库的空间大数据分布式存储策略

（一）NoSQL 非关系型分布式数据库

非关系型分布式数据库（Not Only SQL，NoSQL）是分布式存储的主要技术。NoSQL 不一定遵循传统数据库的一些基本要求，比如遵循 SQL 标准、ACID 属性、表结构等。相比传统数据库，它的主要特点包括：易扩展，灵活的数据模型，高可用性，大数据量，高性能等。

目前主要有四种非关系型数据库管理系统，即基于列存储的 NoSQL、基于 Key-value 键值对存储的 NoSQL、基于文档的数据库和图表数据库。

1. 列存储 Hbase

Hbase 是一个分布式、可伸缩的 NoSQL 数据库，它构建在 Hadoop 基础设施之上。Hbase 以 Google 的 BigTable 为原型，设计并实现了具有高可靠性、高性能、列存储、可伸缩、实时读写的数据库系统，用于存储粗粒度的结构化数据。

2. Key-value 存储 Redis

Redis 是一个高性能的 Key-value 存储系统，基于 C/C++ 开发，运行速度快，为了保证效率，数据都是缓存在内存中。采用 Master-Slave 架构。支持存储的 value 类型比较多，包括 string（字符串）、list（链表）、set（集合）和 zset（有序集合）。这些数据类型都支持 push/pop、add/remove 及取交集、并集和差集等丰富的操作，虽然采用简单数据或以键值索引的哈希表，但也支持复杂操作，同时支持事务，支持将数据设置成过期数据。

3. 文档存储 MongoDB

MongoDB 可以为 Web 应用程序提供可扩展的高性能数据存储解决方案。

MongoDB 基于 C++ 开发，保留了 SQL 一些友好的特性（查询、索引）；基于 Master-Slave 架构，内建分片机制，数据存储采用内存到文件映射，对性能的关注超过对功能的要求；支持 JavaScript 表达式查询。

MongoDB 适用于需要动态查询支持、需要使用索引的分布式应用，对大数据库有性能要求，需要使用 CouchDB 但因为数据改变频繁而占满内存的应用程序。

4. 图存储 Ne04J

Ne04J 基于 Java 语言开发，是基于关系的图形数据库。它可以独立使用或嵌入 Java 应用程序，图形的节点和边都可以带有元数据多使用多种算法支持路径搜索，使用键值和关系进行索引，为读操作进行优化，支持事务（用 Java API），使用 Gremlin 图形遍历语言，支持 Croovy 脚本，支持在线备份、高级监控及高可靠性，支持使用 AGPL/ 商业许可。Ne04J 适用于图形类数据，如社会关系、公共交通网络、地图以及网络拓扑等，这是 Ne04J 与其他 NoSQL 数据库的最显著区别。

NoSQL 数据库技术作为非关系型数据库，近年来在互联网领域不断推广应用，单纯从数据存储来说，该类型数据库适应性较强。值得注意的是，GIS 领域、互联网领域本身有明显差异，所以应用 NoSQL 数据库技术有一定的不足之处，表现为：①数据操作问题，数据库运行中要求在数据修改上严格控制，一旦因修改操作不合理，便会涉及数据迁移情况；②查询问题，空间数据查询中需以图层属性信息为依据，进行数据提取，数据库需满足多种功能要求，包括统计、排序以及查询等，而 NoSQL 数据库很难达到这些要求；③索引问题，索引技术的运用不应局限于简单的算法方面，更应向方法策略上提升，这样才可使数据检索效率提高。

（二）空间大数据分布式存储策略

针对 NoSQL 数据库运用下的局限性，人们引入空间大数据分布式存储策略。从空间大数据存储管理系统看，在保证满足流式、栅格、矢量数据存储、管理要求的基础上，能够实现快速提取分布式数据的目的，包括空间关联分析、展示专题图，支持系统运行。具体剖析该系统的构成，主要体现在：①内存数据库，数据操作层主要选择 I/O 处理模式，处理速度明显提升；②空间数据库，系统融入传统空间数据库优势，既有分布存储管理能力，且将 GIS 优势引入；③存储系统"大数据仓库"由分布式存储系统承担，满足数据提取要求的同时，具备持久化存储特征，且系统有高可用性、扩展性以及低成本特点。

分布式存储策略运用下，其实施效果很大程度受其中所采用的关键技术影响。以 MongoDB 数据库为例，作为以文档为基础的 NoSQL 数据库类型，有明显的技术优势。如数据库中采用的 Sharding 集群、Replica Set 集群，若以实际地理范围为依据搭建集群，能够保证数据存储实现。同时，快速提取技术也极为重要，特别数据组织结构不同将影响提取数据的效率，所以需在空间索引策略上优化，如结合集群方案与索引策略，即以元数据为基础形成多级图幅索引，是快速提取技术应用的具体体现。另外，需注意数据合理调度、接口访问设计等相关技术，如在数据调度方面，主要将空间数据划分为高频率访问、低频率访问数据，两种数据分别以热点数据、"冷"数据归档形式存储，而在接口访问设计上，取 OGDC 接口，其中的各驱动程序如 DM、MySQL，Oracle 等，使数据并行存取更加便利。

第四章
分布式数据库的查询处理及存取技术

分布式查询处理是分布式数据库所面临的主要问题之一。数据的分布与冗余使得在查询过程中数据传递与通信费用成为优化的主要矛盾。尽管面临巨大挑战，分布式查询处理也带来了一系列优势。通过增加并发处理的可能性，系统可以缩短查询响应时间，提高整体处理速度。然而，这一优势并非免费的，因为相较于集中式查询处理，分布式查询处理引入了新的内容与复杂性。同时，值得注意的是不同的查询处理方法在通信费用与并行性上存在显著的差异，需要在系统设计中谨慎选择适当的方法。

第一节　分布式数据库系统的查询处理技术

一、分布式数据库系统的查询处理流程
（一）关系数据库查询处理的步骤及算法实现

查询处理是指从数据库中提取数据时所涉及的一系列执行活动，包括将高级数据库查询语言翻译成计算机能够识别的内部表现形式、为优化查询而进行的各种转换、查询的具体执行计划等。

1. 查询处理的步骤

关系数据库管理系统的查询处理基本分为语法分析与翻译、查询优化、查询执行 3 个步骤。

（1）语法分析与翻译。SQL 语句虽然便于用户理解和使用，但并不适合进行系统内部表示，因此在查询处理的过程中首先需要将查询语句翻译成系统的内部表示形式。在这个过程中，通过类似于编译器的语

法分析器对查询语句进行扫描、分析其语法是否符合 SQL 语法规则、识别语言符号、验证查询中出现的关系名是否数据库中的关系名等操作；构造出该查询

语句的语法分析树，然后将其转换为等价的关系代数表达式。

（2）查询优化。每一个关系代数表达式，尤其是复杂的表达式，通常都可以转换成多种不同的形式，而每一种形式又可以有多种不同的方式来执行，所以一个查询会存在多种不同的执行方案。我们将带有执行方式的关系代数表达式称为计算原语。

用于执行一个计算原语的操作序列称为查询执行计划。查询优化就是从这许多不同的方案中找出最有效的查询执行计划的处理过程。查询优化不是要求用户写出的查询语句有多么高效，而是在运行用户查询语句的过程中，选择一个具有较小执行代价的查询执行计划。查询优化有很多方法，按照优化的层次可分为代数优化和物理优化。代数优化就是优化代数表达式，通过一定的规则，改变表达式的组织方式，构造一个与原表达式等价但更高效的表达式。物理优化就是对存取路径和底层操作算法的优化和选择。

（3）查询执行。通过查询优化器选择并生成查询执行计划后，就需要通过该计划来执行查询并输出查询结果了。查询执行引擎接收到一个查询执行计划，就会执行该计划并返回执行结果。

2. 查询处理算法的实现

在查询处理过程中涉及很多查询操作，例如选择、投影、连接、排序等，这些操作都是通过与之相关的算法得以实现的。那么这些算法究竟是如何实现的呢？下面我们介绍几种主要的查询处理算法。

（1）选择运算。在查询处理中，选择运算是最常用的一种查询操作，是在关系中选择符合给定条件元组的运算。通过文件扫描方法和索引扫描方法可以完成多种复杂的选择运算，这里只介绍几种基本的选择运算的实现方法。

一是使用文件扫描方法：根据搜索条件，系统按照物理顺序扫描每一个文件块，对所有元组进行测试，逐一比对每个元组是否满足选择条件，最后输出满足条件的所有元组。这种方法对于数据量较少的关系查询效果较好，对于数据量较多的关系来说较慢，但由于它对于数据文件的结构以及选择操作的种类都没有要求，因此对于任何文件都适用。

二是使用索引扫描方法：为了加快查询的速度我们建立了能够直接定位这些元组的结构——索引。所以一般在建立了索引的属性上系统都会根据已有索引进行扫描。索引有顺序索引、B＋树索引和散列索引等，为系统提供了定位和存取数据的路径，因此我们把索引的结构称为存取路径（access path）。

（2）连接运算。连接运算是查询处理中耗时最多的操作之一，这里我们只讨论最常用的等值连接的实现。下面我们以两张表的等值连接为例，介绍连接运算的实现方法。

例如，SELECT * FROM Patient，CureFee WHERE Patient.pID=CureFee.pID。

一是嵌套循环连接算法。这种算法是在两个关系中通过外层关系和内层关系之间的循环连接而形成的，不妨设 Patient 为连接的外层关系，而 CureFee 为连接的内层关系。先使用外层表中的每一个元组检索 CureFee 表中的每一个元组，并检查这两个元组在 pID 属性上是否相等，最后将所有相等元组中的属性串联起来并输出。

这种算法简单可行，不需要任何条件，在任何情况下都可以使用。而且用该算法扩展计算的自然连接也非常简单明了，只需要在输出结果集之前进行去掉重复属性的投影运算即可。但由于这种算法要逐个检查两个关系中的每一对元组，因此查询效率较低。

二是索引嵌套循环连接算法。这种算法是将嵌套循环连接中内层关系的文件扫描方式替换成了索引查找方式。如果关系 CureFee 的连接属性 pID 上有索引，则可设 CureFee 为内层关系。索引嵌套循环连接算法为：对 Patient 表的每一个元组，用 pID 属性的值在 CureFee 表的索引上查找满足连接条件的元组，然后将对应的元组串联起来输出。直到将 Patient 表中的所有元组处理完为止。

由于在 CureFee 表中查找与给定 pl 值满足连接条件的元组，本质就是在内层关系上做选择运算。所以使用索引查找会比线性扫描要快得多，所以为了加快连接的速度，我们通常都在表的连接之前专门建立一些临时索引，以供连接运算使用。

注释：这里我们需要加索引的是内层关系，如果内层和外层关系针对连接属性都有索引时，则一般把元组较少的关系作为外层关系。

三是归并连接或排序－归并连接算法。这种算法也是一种常用的连接算法，常用于自然连接和等值连接。在进行归并连接前，首先要确保 Patient 表和 CureFee 表在 pID 属性上已经排序，如果没有排序则先对它们进行排序。然后归并连接算法会为每个表分配一个指针，这些指针初始指向相应表的第一个元组，然后按照如下步骤进行归并连接。

步骤 1：用 Patient 表指针指向的元组和 CureFee 表指针指向的元组在 pID 属性上进行比较，如果相同则把这两个元组连接起来。CureFee 表指针下移一行，继续比较，直到出现 pID 属性不相同的元组，则 Patient 表指针下移一行。

步骤 2：返回执行步骤 1。直到任意一个指针遍历了整个表，则完成本次归并连接算法。这种算法尤其适用于连接的诸表已经排好序的情况，因为若不考虑排序代价相连接的两个表都只遍历了一遍，拥有极高的连接效率。但如果连接的两表没有事先按照给定属性排序，则需要先排序后归并连接，这时查询处理的时间还要加上两个表的排序时间。不过就算增加了排序时间，归并连接算法的查询处理时间也要小于循环嵌套连接的查询处理时间。

（3）散列连接（hash join）：散列连接是借助散列算法，利用内存空间进行高速数据缓存检索的一种算法。该算法的连接速度比归并连接要快很多，下面介绍该算法的步骤：

步骤1：在 Patient 和 CureFee 表中选择出一个相对较小的表，也就是参与连接操作的数据集合数据量小的表（例如 Patient）。对该表连接属性字段（例如 pID）中的所有数据值，进行散列函数操作。

步骤2：将经过散列处理过的元组按照散列函数分散到散列表桶（bucket）中，并且依据不同的散列函数值，进行划分 bucket 操作。每个 bucket 中包括所有相同散列函数值的表数据。同时建立散列键值对应位图。

步骤3：依次读取大表中的数据连接列，并且对每个散列值进行 bucket 匹配，定位到适当的 bucket 上，最后进行小规模的精确匹配，并把匹配的元组连接起来。

（二）分布式查询处理过程

分布式数据库系统中的查询处理较集中式数据库系统复杂，查询优化较集中数据库系统更重要，效果更显著。在集中式系统中，衡量查询处理效果的主要标准是磁盘访问量。而在分布式数据库系统中，还需考虑其他方面的问题，如数据通过网络传输的代价，多节点并行处理查询操作的潜在性能优势等。

分布式查询处理一般经历三个阶段：

1. 具体化

对查询所访问的每一个关系，认定其一个或多个副本。如果对每一个查询所访问的关系，只认定一个副本，则称为非冗余具体化（non-redundant materialization），否则，称为冗余具体化（redundant materialization）。

现有的大多数查询处理方法，往往假定已经给定数据库的一个非冗余的具体化，因而没有涉及具体化问题。实际上，数据库的具体化对查询处理的性能影响很大。对非冗余具体化，要研究的问题是如何选择每一个关系的一个副本，使得查询处理的费用最小，结果正确。可以证明，即使是对简单查询（只包含一个公共连接域的查询），副本选择问题也是 NP 难题。

冗余具体化的目标是通过冗余数据提高处理的并行性和减少通信费用，在这种情况下，不仅需要考虑副本选择问题，还需要研究在冗余具体化的情况下如何优化查询处理。这方面的研究也比较少。

2．局部处理

所谓局部处理就是不需要数据传输的在单一场所的处理。在给定数据库的一个具体化的条件下，完成投影、选择和一个场所的连接操作，往往是有利的。

局部处理在集中式查询处理中已进行了不少研究，这里着重研究查询具体化和分布处理。

3．分布处理

处理不同场所的连接运算，并把结果送到指定的场所。

对分布处理的研究是分布式查询处理的重点。在远程通信网络中，通信费用占主导地位，这种情况下往往将分布处理分成以下两步：

（1）预处理：预处理的目的是利用某些算子减少查询所涉及的数据库的数据量，使只包含查询所必需的数据，从而减少下一步的传输费用。

（2）数据的传输与处理：在预处理以后，将回答查询所必需的数据传送到指定的场所，进行总体处理。

显然，与集中式数据库不同的是预处理。在预处理中，目前较多采用的算子是半连接。已经证明，对某些查询，可以利用半连接操作把每个查询所访问的关系所含信息减少到最低程度，这时的数据库状态为完全缩减（full reduction），这类查询称为树查询。不能用半连接得到数据库的完全缩减的查询称为有回路查询。

由半连接构成的程序称为缩减器（reducer），使数据库状态完全缩减的缩减器称为完全缩减器（full reducer）。对树查询来说，要研究如何构成一个最优的完全缩减器。所谓最优的完全缩减器，是指其总的传输费用最小。已经证明，对一般的树查询，构造这样的完全缩减器是 NP 难题。所以目前大多数算法是启发式的，或是在一些特定的条件下才得到的最优解。

以上的分布处理模式是典型的，但是，如前所述，在有些情况下通信费用并非占主导地位，查询优化的准则应当是响应时间，算法应当以缩短局部处理时间为目标。因此，在这种情况下，上述分布处理模式并非一定有效，有必要探求对并行性有利的处理模式。

二、分布式数据库系统查询处理的复杂性分析

分布式数据库系统在网络环境中存在，其特点之一是数据分布在不同的网络节点上，导致查询对象分散，进而使得查询优化变得复杂化。这是因为开销和执行速度可能异构，需要综合考虑多个因素。与集中式数据库相比，分布式数据库系统在查询优化方面面临着一些独特的挑战。

第一，分布式数据库系统需要增加对数据和信息通过通信线路传输造成的延

迟问题的考虑。由于数据分散在不同的节点上，查询涉及多次通信，因此通信延迟成为一个不可忽视的因素。第二，为了提高查询响应速度，分布式数据库系统需要充分利用网络中多处理器的并行处理和传输机会。这涉及对查询优化器的任务重新定义，以更好地控制和加快查询执行和数据传输。

在分布式处理技术下，查询优化器的任务包括针对查询执行代价的优化和查询响应时间的优化。针对查询执行代价的优化主要目标是减小查询中的通信开销，避免通信线路瓶颈。这意味着需要设计算法和策略，以最小化在不同节点之间传输数据的成本。而针对查询响应时间的优化则需要关注关键路径上的局部查询，充分利用多处理机提供的并行处理能力，以缩短整体的响应时间。

在优化方向上，重点关注查询响应时间在组织机构中的重要性。在当今信息时代，快速响应查询请求对于组织的决策和业务流程至关重要。因此，利用并行技术来优化查询执行代价、缩短响应时间成为分布式数据库系统设计中的一个重要目标。此外，也需要特别注意减少通信开销，避免通信线路成为系统性能的瓶颈，从而确保分布式数据库系统在复杂的网络环境中能够高效稳定地运行。在异构的数据库中，对查询的处理除了有同构系统中那些问题之外，还存在以下一些亟须考虑的因素：

在多站点环境中，数据库的分布呈现复杂性，这涉及可能存在重叠的数据存储以及站点操作的变化。这种多站点结构导致了不同站点之间局部查询开销的差异，因而不能简单地假设各站点都能轻松地从外部系统读取数据记录。更进一步，局部数据库系统可能无法有效地处理由查询优化器分派的查询任务，增加了查询处理的挑战性。尽管分布式查询技术由于其多样性和复杂性而变得复杂，但由于网络环境和分布式系统的优势，它引起了广泛的研究和讨论。这方面的发展得益于不同单位、组织和个人对资源共享的需求，推动了分布式查询技术的不断演进。基于网络架构的分布式数据库系统表现出许多优势，例如扩展性、可用性、可靠性和灵活性。这些优势吸引了研究者的关注，促使他们更深入地探索和理解这一领域。

三、大数据库的查询处理技术

（一）基于 MapReduce 的大数据查询处理

1. MapReduce 基本思想

MapReduce 是 Google 提出的大规模并行计算框架，应用于大规模廉价集群上的大数据并行处理。MapReduce 采用"分而治之"的设计思想，将输入的大量数据（这些数据之间不存在或有较少的依赖关系）采用一定的划分方法进行分片，然后将一个数据分片交由一个任务去处理，这些任务并行计算，最后再汇总所有任务的处理结果。

MapReduce将大数据计算任务划分成多个子任务，然后由各个分节点并行计算，最后通过整合各个节点的中间结果，将各个子任务的结果进行合并，得到最终结果。

MapReduce借助函数式编程设计思想，将大数据处理过程主要拆分为Map（映射）和Reduce（归约）两个模块。Map（映射）用来将输入的大量键值对映射成新的键值对，Reduce（归约）负责收集整理Map操作生成的中间结果，并进行输出。

MapReduce是一个并行计算与运行软件框架，能自动完成计算任务的并行化处理，自动划分计算数据和计算任务，在集群节点上自动分配和执行任务以及收集计算结果，为程序员隐藏系统底层细节。这样程序员就不需要考虑数据的存储、划分、分发、结果收集和错误恢复等诸多细节问题，这些问题都交由系统自行处理，大大减少了软件开发人员的负担。

2. MapReduce处理流程

MapReduce是一种并行编程模型，将计算分为两个阶段：Map阶段和Reduce阶段。首先将输入数据划分成多个块，由多个Map任务并行计算。MapReduce对Map任务的结果进行聚集和混洗，然后提供给Reduce任务作为其输入数据集。最终通过合并Reduce任务的输出得到最终结果。MapReduce数据处理流程如下：

（1）Map任务处理。

第一，从存储系统中读取输入文件内容，存储系统可以是本地文件系统或者HDFS文件系统等。对输入文件的每一行解析成一个 <key，value> 对，在默认情况下，key表示行偏移量，value表示这行的内容。

第二，每一个 <key，value> 对调用一次map函数。程序员需要根据实际的业务需要重写map（ ）方法，对输入的 <key，value> 对进行处理，转换为新的 <key，value> 对输出。

（2）Shuffle与Sort。

第一，对Map输出的 <key，value> 对进行分区，并将结果通过网络复制到不同的Reducer节点上。

第二，将不同分区的数据按照key进行排序，相同key的value放到一个集合中，形成新的键值对，即 <key，list（value）> 对，记为 <key，VALUE>。

（3）Reduce任务处理。

第一，调用reduce函数处理前面得到的每一个 <key，VALUE>。程序员需要根据实际的业务需要重写reduce（ ）方法。

第二，将 reduce 函数的输出并保存到文件系统中。

（二）基于 NoSQL 数据库的大数据查询处理

NoSQL 无框架数据查询技术在竞争中凭借其独特的优势脱颖而出。首先，以用户需求为中心，NoSQL 技术成功满足企业对海量数据的快速查询需求，使其成为企业竞争法宝。其次，NoSQL 的查询技术成为学界研究的焦点，反映了其在学术领域的重要性与创新性。与传统关系型数据库相比，NoSQL 查询技术具备独特特点，能够灵活适应 NoSQL 框架的数据特征，为企业提供更为高效的数据查询解决方案。

1. 数据类型多元化

数据类型多元化成为 NoSQL 技术的一大优势，特别是在面对 Web3.0 兴起带来的非结构化或半结构化数据处理需求时。图像、视频、音频等多种数据类型在非关系数据库中表现更为卓越。NoSQL 技术通过其强大的适应性，能够有效处理多元化的数据类型，相较于传统关系型数据库，更具有性能优势。这使得 NoSQL 技术成为应对当今多样化数据环境的理想选择，为应用提供更为灵活、高效的数据存储与查询支持。

2. 分布式的备份

NoSQL 系统通过分布式备份的方式取得了在性能方面的进一步提升。NoSQL 在追求高可用性和高扩展性的同时，通过分布式备份实现了系统的高容错性。这种分布式体现了系统的高扩展性，而备份则有效提高了系统整体性能。这一策略不仅为 NoSQL 系统保障了运行的稳定，也为企业提供了更为可靠的数据存储与管理解决方案，从而在竞争激烈的市场中占据优势地位。

3. 数据的海量性

在社交网络的迅速扩大、传感技术与移动设备的普及以及智能手机的崛起的推动下，信息爆炸性增长成为当今数字时代的显著特征。微博、微信、易信以及手机游戏等平台的快速普及导致了巨大的数据量积累，这使得数据管理和处理成为一项重要挑战。

为了应对这一挑战，分布式横向扩展技术成为一种备受关注的解决方案，而NoSQL 数据库正是这一技术的代表。NoSQL 数据库采用分布式节点集（集群）实现高度弹性扩展，相比于传统的纵向扩展更加经济高效，通常采用开源技术，因而价格相对较为便宜。

NoSQL 数据库的核心特点是其非关系型的本质，它不依赖于表与表之间的联系来存储和组织信息。这使得 NoSQL 数据库成为满足现代应用程序对于快速写入和读取海量数据需求的理想选择。在当前信息急速流动的环境中，这种特性使得

NoSQL 数据库在应对大规模数据处理时更为高效。

与关系型数据库需要从多个表中收集信息以运行查询的方式不同，NoSQL 数据库采用不同的模式，具有灵活性、简便性以及提高读写性能的优势。这种特性使得 NoSQL 数据库在面对需要频繁进行数据查询的场景时，能够更为有效地提供解决方案，为用户提供更为流畅和快速的体验。

第二节　分布式数据库系统查询本地化与策略优化

分布式数据库系统的查询处理是用户与分布式数据库系统的接口，也是分布式数据库系统主要研究问题之一。"由于它的建立环境复杂，技术内容丰富，对于查询优化技术，还有许多问题有待进一步研究和解决。随着计算机网络技术的飞速发展，相信分布式数据库技术也必将得到迅速发展，并日趋完善。"

一、分布式数据库系统查询优化的目标

分布式数据库系统的查询优化是系统设计中至关重要的一环。其核心目标在于寻找最小执行代价的查询策略，以提高整体系统的执行效率。这一过程涉及两个主要方面的优化：局部执行代价和网络传输代价。在局部执行代价的优化方面，关注点主要集中在输入/输出次数（IO 代价）和 CPU 处理代价。通过有效地管理这两个方面的代价，系统可以更有效地执行查询操作。在网络传输代价的优化方面，系统专注于降低传输启动代价和数据传输代价。通过优化网络通信过程，可以加速数据传输，从而提高整体查询性能。

（一）以总代价最小为标准

在分布式数据库系统的优化过程中，最主要的标准之一是以总代价最小为核心目标。总代价的衡量考虑了多个方面，其中包括 CPU、I/O 和通信代价。特别关注的焦点在于降低数据传输量，通过有效减少通信费用来提升系统整体性能。为达到这一目标，系统必须采用合适的数据分布和通信策略，在最小化总代价的同时确保通信效率的提高。通过降低通信代价，系统能够有效地利用资源，使得整个分布式数据库系统更加经济高效。

（二）以查询响应时间最短为标准

以查询响应时间最短为标准也是优化的重要方向之一。在这个标准下，优化的关注点主要集中在通信和局部处理时间的最小化上。通过优化数据分布和冗余

策略，系统可以实现并行处理，从而提高查询效率，缩短响应时间，进而提升用户体验。然而，在追求通信费用降低和并行程度提高的过程中，系统需要面临一个权衡的问题。在决策时，需要权衡通信费用的降低和并行程度的提高，以找到最佳的平衡点，确保系统在提升查询响应时间的同时保持经济性和高效性。

二、分布式数据库系统查询本地化

查询分解是把分布演算查询映射到一个全局关系的代数查询上。在这个层面上，查询分解使用的还是集中式 DBMS 上的技术，因为此时还不考虑关系分布问题。

从代数优化看，使用直接分步骤的算法可以获得一个"好的"结果，但是，进一步看未必是最佳的。换句话说，每次选最好的，不见得最终结果是最优的。

数据定位的工作是分析输入，然后将全局关系上的查询进行分解。数据定位是将全局关系上分解后的查询作为输入，再将数据分布信息应用到查询上，并绑定到确切的数据上。数据定位决定查询涉及哪些数据片，并将分布查询转化成分片查询。

查询分解是查询处理的第一个阶段，它把关系演算查询转换成关系代数查询。这里的输入/输出都是指全局关系，不涉及数据分布。因此，查询分解在集中式系统和分布式系统中是一样的。我们先假设查询的语法都是正确的，当这个阶段成功完成时，输出的查询语义也是正确的。

我们把查询分解分成如下步骤：第一步，查询规范化；第二步，查询分析；第三步，约简冗余；第四步，重写。第一步、第三步、第四步与等价变换相关，前三步的查询基本上可以用关系演算（如 SQL）描述，最后一步变换成关系代数形式。

（一）查询规范化

应用千变万化，当用户输入的查询任意复杂时，这取决于语言提供的能力。规范化的目标是将查询转换成规范形式，以便做进一步处理。假设用户使用的是关系型语言（如 SQL）且涉及最重要的变换是查询的限定条件（即查询命令中的 where 子句），那么这种条件可以是任意复杂的或简单的谓词，使用逻辑"与""或"连接起来。

在析取规范式中，可以像处理由并运算连接起来的子查询一样独立处理，但缺点是会产生复杂的连接和选择谓词，形成一个由 AND 连在一起的很长的谓词。

所谓规范化，就是将查询构造成合取式或析取式，典型的是转换成析取式。

（二）查询分析

查询分析可以对确定无法进一步处理的规范化查询予以拒绝，拒绝的主要原因是该查询的变量类型是不正确的，或者语义是不正确的，等等。一旦发现这类情况，可以简单地把查询退回给用户，并伴随一些说明；否则，继续查询处理过程。这样，对不合理或无意义的查询不必存取其实际数据，可以拒绝掉，也减少了不必要的计算开销。

如果查询中的任意一个关系属性或关系名没有在全局模式中定义过，或者操作是应用在错误类别属性上的，则该查询的类别是不正确的。因此不必实在地执行这个查询，这样，就减轻了系统的负担。

一个查询，如果它的组成成分和产生的结果毫无关系，则是语义不正确的。在关系演算中，不可能简单地确定查询语义的一般正确性，但是对于一大类特殊的关系查询来说是可能的。这种处理是基于所谓查询图的表示是否合理来做到的。

在查询图中，结构呈树状。其中一个节点表示结果关系，称为根节点；叶子节点是操作关系，中间节点是算符，边表示操作关系。

（三）约简冗余

值得注意的是，用户查询典型情况下可以用视图来表示，以保证语义的完整性和安全性。同时，由于用户设计查询的能力差异，查询语句中也会有冗余条件出现。这样，充实的查询限定可能包含冗余谓词。为此需要删除冗余，下面一些规则可以用来约简冗余。

谓词约简规则（p 或 p_i 是一个简单谓词）包含以下内容：

$$p \wedge p \Rightarrow p \qquad （1）$$

$$p \vee p \Rightarrow p \qquad （2）$$

$$p \wedge \text{true} \Rightarrow p \qquad （3）$$

$$p \vee \text{false} \Rightarrow p \qquad （4）$$

$$p \wedge \text{false} \Rightarrow \text{false} \qquad （5）$$

$$p \vee \text{true} \Rightarrow \text{true} \qquad （6）$$

$$p \wedge \neg p \Rightarrow \text{false} \qquad （7）$$

$$p \vee \neg p \Rightarrow \text{true} \qquad （8）$$

$$p_1 \wedge (p_1 \vee p_2) \Rightarrow p_1 \qquad （9）$$

$$p_1 \vee (p_1 \wedge p_2) \Rightarrow p_1 \qquad （10）$$

（四）重写

查询分解的最后一步是将查询重新写成关系代数的形式。典型情况可以通过如下两步实现。

第一步，将关系演算形式的查询直接转换成关系代数形式的查询。

第二步，重构关系代数查询以改进性能。

为了清楚理解重写的原因，我们可以用算符树来表示关系代数查询。算符树是一棵树，叶子节点是存放在数据库中的一个关系，非叶子节点则是关系代数算符操作的中间关系。操作的顺序是从叶子到根。树根则代表查询结果。

将关系演算查询映射到算符树，可以通过方式实现：首先，为每个不同的元组变量（对应一个关系）创建一个叶子。在 SQL 中，from 子句中的叶子（蕴含的是关系）可以直接付用。其次，根节点是关于结果属性的投影操作，显示在 Select 子句中。然后，where 子句限定翻译成关系运算（Select、join、union 等）的适当序列，处于根和叶子之间。

（五）分布数据的本地化

查询优化的本地化分层聚焦于将查询转换成本地数据。本地化分层负责将代数查询翻译成面向物理数据片的形态，将使用存放在分片模式里的信息。

数据片是按照分片规则定义的，可以表达为关系查询。一个全局关系可以通过应用重构规则来重构，从而导出一个关系代数程序，其操作数是数据片，这个程序称为本地化程序。为了简化，我们假设这里的数据片无副本。

将分布查询分配到节点上的自然办法是生成查询，让每个全局关系使用本地化程序来代替。这可以看成在一棵分布查询的算符树上将叶子用与本地化程序对应的子树来替代。

这个过程不复杂，但前提是这棵算符树已经很好地被约简。下面先讨论分片查询的正则表示问题。

1. 限定关系代数和正则表达式

什么是限定关系？限定关系是将一个关系通过限定条件加以扩展，记作 $[R: q_R]$。其中：R 是一个关系，称为限定关系的主体；q_R 是一个谓词，称为限定谓词。

显然，也可以将关系 R 本身看成是一个限定关系，其限定条件为 true，即 $R=[R: \text{true}]$。

考虑限定关系时的关系代数，称为限定关系代数。我们用一些规则来描述。

限定关系代数规则 1：$\sigma_F [R: q_R] \Rightarrow [\sigma_F R: F \wedge q_R]$。这个规则的含义是，如果对一个限定条件为 q_R 的关系数据片实施选择运算，且选择谓词是 F，则可看成对一个同时满足 F 和 q_R 的关系实施选择。其意义在于，对那些限定条件 $F \wedge q_R$ 为假（false）的关系片，可以不必实施真正的选择操作，直接用空集代入即可。

限定关系代数规则 2：$\Pi_A [R: q_R] \Rightarrow [\Pi_A R: q_R]$。这个规则反映了一种不变性。

限定关系代数规则 3：$[R: q_R] \times [S: q_S] \Rightarrow [R \times S: q_R \wedge q_S]$。

限定关系代数规则 4：$[R: q_R]-[S: q_S] \Rightarrow [R-S: q_R]$。这个规则的意义在于两

个限定关系的差可以用这两个关系的差表示，且必须满足被减数的限定条件。

限定关系代数规则 5：$[R：q_R] \cup [S：q_S] \Rightarrow [R \cup S：q_R \vee q_S]$。

限定关系代数规则 6：$[R：q_R] \infty_F [S：q_S] \Rightarrow [R \infty_F S：q_R \wedge q_S \wedge F]$。

限定关系代数规则 7：$[R：q_R] \infty_F [S：q_S] \Rightarrow [R \propto_F S：q_R \wedge q_S \wedge F]$ 这个规则的优点是，如果限定条件为矛盾，对应的集合为空，则可以不执行该操作。下面是可以进一步约简的公式（$\emptyset$ 表示空集）。

· $\infty_F（\emptyset）\Leftrightarrow \emptyset$

· $\Pi（\emptyset）\Leftrightarrow \emptyset$

· $R \times \emptyset \Leftrightarrow \emptyset$

· $R \cup \emptyset \Leftrightarrow R$

· $R - \emptyset \Leftrightarrow R$

· $\emptyset - R \Leftrightarrow \emptyset$

· $R \infty_F \emptyset \Leftrightarrow \emptyset$

· $R \propto_F \emptyset \Leftrightarrow \emptyset$

· $\emptyset \propto_F R \Leftrightarrow \emptyset$

2. 约简

（1）基本水平分片的约简。基于选择谓词的关系水平分片负责定义关系的分布。

第一，使用选择运算来约简。如果数据片的选择运算谓词与其定义分片限定谓词相矛盾，则其结果为一个空关系。假设关系 R 水平分片为 R_1，R_2，$\cdots$，R_m，其中 $R_j = \sigma_{pj}（R）$，则相应的规则可以描述如下：

$$（\sigma_{pj}（R_j）=\emptyset \text{ if } \forall x \text{ in } R：\neg（p_i（x）\wedge p_j（x）））$$

其中：p_i 和 p_j 为选择谓词；x 表示元组；$p（x）$ 表示 x 满足谓词 p。

如果选择的限定谓词和数据片的分片谓词相矛盾，则结果为空集。

优化规则 3：尽可能地将选择运算往算符树的叶子方向下推，然后使用限定关系代数，如果发现归并后的限定条件有矛盾，则用空集代入。

第二，水平分片关系连接运算的简化。数据水平分片关系的连接也可以简化。一个分片关系（如 R）可以通过并运算来重构，所以两个关系 R 和 S 的连接可以表述为：

$$（R_1 \cup R_2）\infty_F S =（R_1 \infty_F S）U（R_2 \infty_F S）$$

其中：R_i（$i=1$，2）是 R 的数据片，S 是另外一个关系。

利用限定关系谓词和连接运算谓词的"与"操作，判定结果是否为"假"来简化连接运算。

先来看一个规则；$R_i \infty_F S_j = \varnothing$ if $\forall$ x in R_i, $\forall$ y in S_j: $\neg (p_i(x) \wedge p_j(y) \wedge F)$

这个规则是显然的，证明略。

因此，可以获得两个新的优化规则。

优化规则 4：使用限定关系代数对连接运算进行估算，如果发现限定条件有矛盾，则用空集代入。

优化规则 5：为了处理分布连接，全局关系中出现的并运算（表示数据片的重组）必须往树的根部移动，并移到希望实施分布连接的运算上面。

（2）垂直分片上的约简。垂直分片是基于投影操作实现的。垂直分片关系的重构是通过连接运算实现的。

类似于水平分布，垂直分片上的查询可以通过找出无用的中间关系和删除产生的子树来约简。如果在垂直数据分片上的搜影属性和分片限定属性间（除键属性外）没有公共交集，则为无效。

（3）导出分片的约简。关系 R 是一个从关系 S 中导出的水平分割关系，它们之间的连接如果按导出连接属性实施，就构成一个简单连接图，形成一一对应的关系。

（4）混合分片的约简。混合分片可以使用水平分片、垂直分片和导出分片约简。使用规则小结如下。

第一，除水平分片限定条件和选择条件矛盾的部分，还可用空关系代入。

第二，去除垂直分片投影上无用的部分。

第三，将并运算移到连接运算之后，用和空关系运算的规则进行约简。

三、分布式数据库系统查询优化的策略

查询优化是必要的。但我们应当认识到，进行优化的工作还将耗费系统的资源。一般说来，优化搞得越细，系统的开销也就越大。在实际中优化不一定搞得十分彻底，而希望能在系统开销尽量小的情况下换取尽可能高的查询效率。下面讲的优化是相对的，即不是在所有可能的路径上挑选最省时间的方法，而是进行各种操作的一般策略。

第一，选择运算尽早进行。对于含有选择运算的表达式，应优化成尽可能先执行选择运算的等价表达式，以得到较小的中间结果、减少运算量和从外存读块的次数。这是因为选择运算是查询运算中出现机会较多的一种运算，所以这条原则是最重要的也是最基本的一条。有时它能使执行的时间成数量级减少。

第二，合并笛卡尔乘积与其后的选择运算为连接运算。在表达式中，当笛卡

尔乘积后面是选择运算时，应将它们合并为连接运算，使选择和笛卡尔乘积一起完成，以避免在做笛卡尔乘积之后，还须再次扫描一个较大的笛卡尔乘积的关系进行选择运算。

第三，把投影运算和选择运算同时进行，以避免分开运算造成多次扫描文件。如果有一连串的投影运算和选择运算且只有一个运算对象，那么就可以在扫描表示该对象的文件过程中同时完成所有这些运算。这就避免了重复多次扫描文件，从而节省操作时间。

第四，把投影运算与其后的其他运算同时进行，以避免重复多次扫描文件。

第五，事先处理文件。在执行连接（或笛卡尔乘积后跟选择）运算之前，适当地处理一下文件是有益的。对需要的属性建立索引或进行排序，这两种方法都有助于快速有效地找到应当连接的元组。虽然建立索引或进行排序都要消耗机器时间，但在这类查询很多的情况下，总的效果是好的。

第六，存储公用的子表达式。对于有公用的子表达式的操作，应将公用的子表达式的结果存于外存，当从外存中读出它比计算它的时间少时就能节省操作时间，特别是当公用的子表达式出现频繁时效果更好。

（一）全局查询处理策略

在分布式数据库系统中，关系被智能地划分成逻辑片段，这些片段被存储在多个节点上，构成一个分散式的数据网络。对于查询操作而言，其关键在于确定执行的物理片段，以最小化查询的开销。在这个过程中，选择操作的执行顺序至关重要，特别是连接和并操作的顺序相对较为复杂。当涉及不同站点上的连接和并操作时，系统必须仔细考虑操作的执行顺序，以确保效率和准确性。

为了实现最优的查询策略，需要明确执行的物理片段以及关联查询中各操作的执行顺序。在这一过程中，提前执行选择和投影操作可以有效减少查询的总体开销。考虑到多个操作可能在一次数据库访问中执行，系统需要明确可用的访问路径和计算方法，以便合理安排操作的顺序。连接操作被认为是查询中最耗时的部分，因此成为分布式查询研究的重点之一。

全局查询处理步骤在分布式数据库系统中被划分为两个关键阶段：从全局查询到逻辑查询的转换，以及从逻辑查询到物理查询的转换。这两个步骤被视为不可或缺的，它们确保高效、可靠的查询处理在分布式数据库系统中得以实现。在全局查询到逻辑查询的转换中，系统需要理解用户的全局查询，并将其转化为逻辑查询计划，这是一个基于逻辑片段的抽象表示。而在逻辑查询到物理查询的转换中下页，考虑到各节点上存储的具体物理片段上页。

1. 全局查询到逻辑查询的转换

在全局查询到逻辑查询的转换过程中，首要任务是通过等价变换规则将全局查询表达式转化为结构化的全局查询树，以深化对查询逻辑结构的理解。通过运用逻辑优化技术，包括下移一元操作至叶节点、归约二元操作数、提取公共因子、消除无用子表达式等手段，进一步优化查询逻辑。这一过程不仅有助于简化全局查询树，还能够将其转换为部分优化的逻辑关系查询树，从而实现更高效的形式，为后续的物理查询转换奠定基础。

2. 逻辑查询到物理查询的转换

逻辑查询到物理查询的转换是查询性能优化的关键环节。这一转变涉及从简化的逻辑查询树到实际操作和数据传输命令序列的制定。在物理转换过程中，需要充分考虑物理副本和查询处理场地，制定相应的策略。这些策略的制定必须综合考虑多方面因素，包括副本选择、操作执行顺序和操作方法选择。特别在涉及多个副本或场地的二元操作时，需要精心权衡副本选择、操作执行顺序和操作方法选择。对于多样性场地和副本的情况，系统需细致考虑场地因素，以确保物理查询转换在整体上以最优方式执行，从而显著提高整体查询性能。

（二）基于半联接的分布式查询优化策略

连接操作是代价较高的一种运算，基于半连接操作的优化算法和基于直接连接操作的优化算法主要是从连接的顺序方面考虑，缩减各站点之间数据交换的规模，降低通信代价。

连接查询的优化问题几乎是分布式数据库的分布式查询优化算法的全部。主要采用的手段是半连接技术。半联接技术的优化就是通过减少联接操作的操作数，来降低传输费用的优化技术。各种不同算法的差异主要是在连接顺序上，即在保证结果一致的情况下，以什么样的顺序将这些表连接起来最优。

SDD-1 中首先提出了用半连接操作来代替连接操作的思想，并且采取全局优化方法处理查询。其主要思路是，首先用半连接来减少关系的元组数，在半连接施加到最大限度时取一个站点收集查询所涉及的所有关系，在这个站点上执行这个查询。它的查询优化就是对逻辑关系使用基本的运算（如选择、投影、半连接）操作来缩减。

SDD-1 算法是基于爬山（Hill Climbing）算法而形成的。首先，采用半连接是最主要的，其次，各个局部站点没有重复，也不进行分片。此外，在它的代价计算中，不考虑最后一个站点传送代价。这是由于在它的查询策略中，当使用半连接来缩减操作数关系的基数，当最大限度地缩减以后，把所有关系送到可执行查询的站点上，这个站点不一定是查询所要求的结果站点。譬如说，若 S 是结果站点（经半连接缩减后建立的），R 是查询要求的站点，S、R 可能相同，可能不同，若不相同，则还有一次传送代价将 S 送到 R。最后它还能同时减少最小总时间和响应时间。

SDD-1 算法由两部分组成：基本算法和后优化。基本算法基于爬山算法，是爬山算法的迭代。根据评估缩减程序的费用、效率、收益估算几个因素，给出全部的半连接缩减程序集，决定一个最有益的（收益大的）执行策略 ES，但效率不一定高，然后选择一个装配站点 Sa，将已缩减完的关系传送到装配站点 Sa 上进行连接；后优化，将基本算法得到的解进行修正，以得到更合理的执行策略。

基本算法：

（1）基础：已有了从查询树转换的优化模型，且所有关系已经完成局部缩减。

（2）方法：①根据已得到的缩减关系的静态特性表，构造可能的半连接缩减程序；②按半连接缩减程序的静态特性表分别计算其费用和收益，从一组的静态特性表中选取一个半连接程序，设为 M；③以 M 完成缩减后，又将产生一组新的静态特性表再进行计算，再从一组可取的静态特性表中选一个半连接程序，但是每个半连接程序只做一次（避免导致缩减程序太长、效率不高）；④反复直到无半连接缩减程序为止。

（3）结束：以若干次迭代以后的最后缩减关系的静态特性表为基础，进行站点选择（费用计算），决定执行查询的站点。

（4）后优化：在基本算法中，每次迭代时只考虑本次迭代时的"改善"，这种"改善"不一定最好。后优化有两种修正：①若最后一次半连接程序缩减关系的所在站点恰好是被选中的查询执行站点，则最后一次半连接可以取消；②对基本算法的主迭代所构成的半连接程序的流程图进行修正。

（三）其他优化策略

1. 关系操作的执行顺序

在数据库查询处理中，关系操作的执行顺序直接关系到系统资源的消耗和响应时间。优化执行顺序是确保整个系统性能高效运行的关键因素之一。合理改变操作执行顺序不仅能提高查询效率，而且可以最大程度地优化资源利用，进而显著提升系统的响应速度。因此，系统管理员和数据库设计者应当认识到操作执行顺序对系统整体性能的影响，通过精心调整和优化操作的执行顺序来实现系统资源的有效利用。

2. 关系的存取方法

在分布式数据库系统中，关系的存取方法的选择直接关系到查询的效率和整体性能。存取方法主要包括扫描整个关系和使用索引。当需要访问的元组占比较大时，扫描整个关系是更为适合的选择；而当只有少部分元组需要访问时，使用索引则更为有效。在设计分布式数据库系统时，合理选择存取方法变得尤为重要。管理员需要综合考虑系统的实际情况和查询需求，以优化系统性能。正确的存取方法选择不仅可以提高查询效率，还能在整个系统中降低资源开销，从而提高整体性能。

3．不同站点之间数据流动的顺序

在多站点的数据库环境中，合理选择数据流向是降低通信量、降低查询代价的关键。通过采用查询优化方法，如查询转化和查询映射，数据库系统能够调整数据流向，实现高效的信息传递。这不仅能够降低通信成本，还能够提高系统的响应速度。因此，在多站点环境中，数据库管理员应该精心选择数据流向，采用适当的查询优化方法，以更好地满足用户的需求。

第三节　分布式数据库系统查询的存取优化技术

无论在集中式数据库系统中还是在分布式数据库系统中，查询优化始终是研究的热点问题。在对查询的处理中，存取优化的目的主要是为查询生成一个代价最小的执行策略，其执行的前提是查询已经被解析为以关系代数描述的逻辑查询计划。与集中式查询相比，分布式查询的存取优化增加了新的特征，如数据传输的代价、多场地执行等，这些都增加了查询优化的复杂性，因此其考虑的问题和实现的目标都不同于集中式查询。

一、查询存取优化的内容

在查询处理过程中，从根据规则对关系代数表达式的等价变换，到片段模式的片段查询优化，再到查询执行计划的选择，以及最后局部优化中的物理查询计划的生成，这些工作都属于查询优化的内容。其中，查询执行计划的选择对查询的执行效率的影响最为显著，也最为复杂。

查询存取优化的内容就是将片段查询的关系代数表达式转换为可能的物理查询计划的执行策略，再通过代价估计选择出最优的执行计划作为最终的分布式查询执行计划。

在存取优化中，对于片段查询执行策略的选择主要涉及三方面内容：确定片段查询所需访问的物理副本、确定片段查询表达式中操作符的最优执行顺序、选择执行每个操作符的方法。在查询优化中，这三个方面彼此间不是互相独立的，而是互相影响的。例如，操作符的执行顺序会影响中间结果关系的大小，而参与操作符运算的关系的大小会影响执行操作符的算法，同样物理副本的选择会影响操作符的执行顺序。因此，单独考虑某一方面会导致无法获得较好的执行策略。在具体优化时，通常以操作符的执行顺序作为优化的重点，同时考虑其他两方面内容。因为，对于物理副本，可以基于规则进行选择，而对于操作符的执行方法，需要根据其依赖的系统来决定。

二、并行查询处理与分布式查询处理

在大数据库的分布式查询处理中，并行查询处理是一种特殊的处理方法。并行数据库系统是在并行计算机上运行的数据库系统。并行计算机是一种特殊的分布式系统，由一系列处理器、内存和磁盘所构成的节点组成，并通过高速网络连接。这与大数据库的运行环境是相同的。并行数据库系统的实现中大量采用了传统分布式数据库的技术，而现在用于对海量数据进行存储和查询处理的大数据库系统则是结合了传统分布式数据库技术和并行数据库技术实现的。大数据库系统与并行数据库系统的共同点是更关注于解决分布式数据的数据布局、并行查询处理性能和负载均衡等问题，而在基本原则上，两者与传统分布式数据库是相同的。

并行查询处理与分布式查询处理在数据分布、代价模型和处理方法上十分相似，很多算法在两种处理方式上是通用的。两者的不同之处主要体现在基于代价模型的优化机制上。

对于分布式数据库而言，通常数据在物理上是异地分布的，因此在查询优化算法中更加注重通信代价的优化，尽量将传输的数据量降到最低，如采用半连接的优化算法。而对于并行查询处理，由于通常处理节点是采用高速网络连接的，因此在查询优化中同时考虑通信代价和本地处理代价，在查询处理算法上以分布式查询算法为基础，但更注重操作符内部并行性和操作符之间并行性，通过使用多处理节点提高查询处理的效率，降低响应时间。

在以管理大数据为主要功能的大数据库上，查询处理通常服务于数据分析等复杂应用。大数据库通常搭建于服务器集群的硬件环境下，其数据采用特定的分布式策略存储于集群的节点上，而对于查询处理则更加希望能够获得并行查询处理的性能。因此，大数据库系统通常同时采用并行数据库和分布式数据库的技术，在数据存储和事务管理方面主要采用分布式数据库技术，在海量数据分析所需的查询处理上则更多地使用并行数据库的查询处理技术。可以说，大数据库系统是并行数据库技术和分布式数据库技术结合的结果。

三、基于分析引擎的大数据库查询优化

大数据库系统在提供存储海量结构化和非结构化数据信息能力的同时，也需要保证在这些数据上的高效访问，即对海量数据的查询处理能力。大数据库对数据的存储通常采用分布式的存储策略，基于特定的数据分片规则将海量数据分布到大量的数据存储节点上，如采用一致性散列方法划分数据。大数据库的数据查询处理则基于数据的分布方式设计相应的算法。一般来说，根据面向的应用不同，大数据库的查询处理具体可以分为面向事务型应用的查询处理和面向分析型应用的查询处理。

在面向事务型应用的查询处理中，查询通常是针对某一指定键值的数据进行简单的查询操作，即点查询或多点查询，如对用户信息进行更新或增加一条用户的留言消息。因此，对于这类查询的优化方法主要是根据数据的分布方式定位查询目标数据所在的存储节点，在存储节点上再使用高效的本地索引机制提高查询效率。

在面向分析型应用的查询处理中，查询具有更高的复杂性，查询中不但包含各类聚合函数，还可能包含复杂的连接操作。对于分析型应用的复杂查询，大数据库通常需要访问数据表（或者列族）中的全部或大部分数据信息，这使得基于索引的优化方式不再适用。仅仅依靠大数据库提供的数据存储层的功能通常无法处理复杂查询，而是需要借助分布式或并行的分析引擎来执行这些操作，相关的查询优化策略也基于这些框架提出。连接操作是分析型应用的查询中执行代价最大的操作，对其进行查询优化通常要考虑系统的整体特性，即从大数据库系统数据的存储模型与分布方式，到执行操作的分析引擎特性。

第五章
分布式数据库的恢复管理与可靠性分析

当用户开始使用一个数据库时，数据库中的数据必须是可靠的、正确的。尽管数据库系统中采取了各种保护措施来防止数据库系统中的数据被破坏和丢失，但是计算机系统运行中发生的各类故障，如硬件设备和软件系统的故障以及来自多方面的干扰和破坏，如未经授权使用数据库的用户修改数据，利用计算机进行犯罪活动等仍是不可避免的，都可能会直接影响数据库系统的安全性。同时由于事务处理不当或程序员的误操作等，也可能破坏数据库。这些故障或错误都会造成运行事务非正常中断，可能会影响到数据库中数据的正确性，甚至破坏数据库，导致数据库中全部或部分数据丢失。在发生上述故障后，DBA 必须快速重新建立一个完整的数据库系统，把数据库从错误状态恢复到某一已知的正确状态（也称为一致性状态），保证用户的数据与发生故障前完全一致，这就是数据库恢复。数据库恢复要基于数据库备份文件，以保证可以成功实施恢复。

从广义上来说，分布式数据库系统的可靠性是一种机制，是从数据库本身和其应用两个角度按某种权威的或用户指定的标准完成度量的一种机制。这种机制应该避免错误的发生、提供故障发生时的应对措施以及满足用户的应用目标。分布式数据库系统中的事务管理、查询处理以及并发控制等技术都是保证分布式数据库系统可靠性的基本方法。

第一节　分布式数据库事务管理的实现方法

随着分布式计算的发展，事务在分布式计算领域中也得到了广泛的应用。在单机数据库中，我们很容易能够实现一套满足 ACID 特性的事务处理系统，但在分布式数据库中，数据分散在各台不同的机器上，如何对这些数据进行分布式的事务处理具有非常大的挑战。

分布式事务管理在于保证事务或应用程序运行的正确性和有效性。与其相关的主要问题有可靠性、并发控制和系统资源利用率。专家现已提出多种用于分布式事务管理的理论、方法和技术。

一、事务的类型

事务一般指的是逻辑上的一组操作，或者作为单个逻辑单元执行的一系列操作。同属于一个事务的操作会作为一个整体提交给系统，这些操作要么全部执行成功，要么全部执行失败。

事务主要分为五大类，分别为扁平事务、带有保存点的扁平事务、链式事务、嵌套事务和分布式事务。本节就简单介绍一下事务的五大类型。

（一）扁平事务

扁平事务是事务操作中最常见，也是最简单的事务。在数据库中，扁平事务通常由 begin 或者 start transaction 字段开始，由 commit 或者 rollback 字段结束。在这之间的所有操作要么全部执行成功，要么全部执行失败（回滚）。当今主流的数据库都支持扁平事务。

扁平事务虽然是最常见、最简单的事务，但是无法提交或者回滚整个事务中的部分事务，只能把整个事务全部提交或者回滚。为了解决这个问题，带有保存点的扁平事务出现了。

（二）带有保存点的扁平事务

通俗地讲，内部设置了保存点的扁平事务，就是带有保存点的扁平事务。带有保存点的扁平事务通过在事务内部的某个位置设置保存点，达到将当前事务回滚到此位置的目的。

从本质上讲，普通的扁平事务也是有保存点的，只是普通的扁平事务只有一个隐式的保存点，并且这个隐式的保存点会在事务启动的时候，自动设置为当前事务的开始位置。也就是说，普通的扁平事务具有保存点，而且默认是事务的开始位置。

（三）链式事务

链式事务是在带有保存点的扁平事务的基础上，自动将当前事务的上下文隐式地传递给下一个事务。也就是说，一个事务的提交操作和下一个事务的开始操作具备原子性，上一个事务的处理结果对下一个事务是可见的，事务与事务之间就像链条一样传递下去。

（四）嵌套事务

顾名思义，嵌套事务就是有多个事务处于嵌套状态，共同完成一项任务的处理，整个任务具备原子性。嵌套事务最外层有一个顶层事务，这个顶层事务控制着所有的内部子事务，内部子事务提交完成后，整体事务并不会提交，只有最外层的顶层事务提交完成后，整体事务才算提交完成。

关于嵌套事务需要注意以下三点：

第一，回滚嵌套事务内部的子事务时，会将事务回滚到外部顶层事务的开始位置。

第二，嵌套事务的提交是从内部的子事务向外依次进行的，直到最外层的顶层事务提交完成。

第三，回滚嵌套事务最外层的顶层事务时，会回滚嵌套事务包含的所有事务，包括已提交的内部子事务。

在主流的关系型数据库中，MySQL 不支持原生的嵌套事务，而 SQL Server 支持。这里，笔者不建议使用嵌套事务。

（五）分布式事务

分布式事务指的是事务的参与者、事务所在的服务器、涉及的资源服务器以及事务管理器等分别位于不同分布式系统的不同服务或数据库节点上。简单来说，分布式事务就是一个在不同环境（比如不同的数据库、不同的服务器）下运行的整体事务。这个整体事务包含一个或者多个分支事务，并且整体事务中的所有分支事务要么全部提交成功，要么全部提交失败。

例如，在电商系统的下单减库存业务中，订单业务所在的数据库为事务 A 的节点，库存业务所在的数据库为事务 B 的节点。事务 A 和事务 B 组成了一个具备 ACID 特性的分布式事务，要么全部提交成功，要么全部提交失败。

1. TCC 事务

TCC 是一种常见的分布式事务机制，它是 "Try-Confirm-Cancel" 三个单词的缩写。在具体实现上，TCC 较为烦琐，它是一种业务侵入式较强的事务方案，要求业务处理过程必须拆分为"预留业务资源"和"确认／释放消费资源"两个子过程。如同 TCC 的名字所示，它分为以下三个阶段。

Try：尝试执行阶段，完成所有业务可执行性的检查（保障一致性），并且预留好全部需要用到的业务资源（保障隔离性）。

Confirm：确认执行阶段，不进行任何业务检查，直接使用 Try 阶段准备的资源来完成业务处理。Confirm 阶段可能会重复执行，因此本阶段执行的操作需要具备幂等性。

Cancel：取消执行阶段，释放 Try 阶段预留的业务资源。Cancel 阶段可能会重复执行，因此本阶段执行的操作也需要具备幂等性。

由上述操作过程可见，TCC 其实有点类似 2PC 的准备阶段和提交阶段，但 TCC 是在用户代码层面，而不是在基础设施层面，这为它的实现带来了较高的灵活性，可以根据需要设计资源锁定的粒度。TCC 在业务执行时只操作预留资源，几乎不会涉及锁和资源的争用，具有很高的性能潜力。但是 TCC 也带来了更高的开发成本和业务侵入性，即更高的开发成本和更换事务实现方案的替换成本，所以，通常我们并不会完全靠裸编码来实现 TCC，而是基于某些分布式事务中间件去完成，尽量减轻一些编码工作量。

2. SAGA 事务

TCC 事务具有较强的隔离性，避免了"超售"的问题，但它仍不能满足所有的场景。TCC 的最主要限制是它的业务侵入性很强，这里是指它所要求的技术可控性上的约束。譬如，把我们的场景事例修改如下：由于中国网络支付日益盛行，现在用户和商家交易时允许直接通过 U 盾或扫码支付，在银行账号中划转货款。这个需求完全符合国内网络支付盛行的现状，却给系统的事务设计增加了额外的限制：如果用户、商家的账号余额由银行管理的话，其操作权限和数据结构就不可能再随心所欲地自行定义，通常也就无法完成冻结款项、解冻、扣减这样的操作，因为银行一般不会配合用户的操作。所以 TCC 中的第一步 Try 阶段往往无法施行。我们只能考虑采用另外一种柔性事务方案：SAGA 事务。

原本 SAGA 的目的是避免大事务长时间锁定数据库的资源，后来才发展成将一个分布式环境中的大事务分解为一系列本地事务的设计模式。SAGA 由两部分操作组成。

第一部分：将大事务拆分成若干个小事务，将整个分布式事务 T 分解为 n 个子事务，命名为 T_1，T_2，…，T_i，…，T_n。每个子事务都应该是或者能被视为原子行为。如果分布式事务能够正常提交，其对数据的影响（即最终一致性）应与连续按顺序成功提交 T_i 等价。

第二部分：为每一个子事务设计对应的补偿动作，命名为 C_1，C_2，…，C_i，…，C_n。T_i 与 C_i 必须满足条件：①T_i 与 C_i 都具备幂等性。②T_i 与 C_i 满足交换律，即无论先执行 T_i 还是先执行 C_i，其效果都是一样的。③C_i 必须能成功提交，即不考虑 C_i 本身提交失败被回滚的情形，如出现就必须持续重试直至成功，或者被人工介入为止。

如果 T_1 到 T_n 均成功提交，那事务顺利完成，否则，要采取以下两种恢复策略之一。

正向恢复（Forward Recovery）：如果 T_i 事务提交失败，则一直对 T_i 进行重试，直至成功为止（最大努力交付）。这种恢复方式不需要补偿，适用于事务最终都要成功的场景，譬如在别人的银行账号中扣了款，就一定要给别人发货。正向恢复的执行模式为：T_1，T_2，…，T_i（失败），T_i（重试），…，T_{i+1}，…，T_n。

反向恢复（Backward Recovery）：如果 T_i 事务提交失败，则一直执行 C_i 对 T_i 进行补偿，直至成功为止（最大努力交付）。这里要求 C_i 必须（在持续重试后）执行成功。反向恢复的执行模式为：T_1，T_2，…，T_i（失败），C_i（补偿），…，C_2，C_1。

与 TCC 相比，SAGA 不需要为资源设计冻结状态和撤销冻结的操作，补偿操作往往要比冻结操作容易实现得多。SAGA 必须保证所有子事务都得以提交或者补偿，但 SAGA 系统本身也有可能会崩溃，所以它必须设计成与数据库类似的日志机制（被称为 SAGA Log），以保证系统恢复后可以追踪到子事务的执行情况，譬如执行至哪一步或者补偿至哪一步了。另外，尽管补偿操作通常比冻结/撤销容易实现，但保证正向、反向恢复过程严谨地进行也需要花费不少工夫，譬如通过服务编排、可靠事件队列等方式完成，所以，SAGA 事务通常也不会直接靠裸编码来实现，一般是在事务中间件的基础上完成。

二、分布式事务理论及应用场景

分布式环境中会碰到种种问题，其中就包括机器宕机和各种网络异常等。尽管存在这种种分布式问题，但是在分布式计算领域，为了保证分布式应用程序的可靠性，分布式事务是无法回避的。

分布式事务是指事务的参与者、支持事务的服务器、资源服务器以及事务管理器分别位于分布式系统的不同节点之上。通常一个分布式事务中会涉及对多个数据源或业务系统的操作。

我们可以设想一个最典型的分布式事务场景：一个跨银行的转账操作涉及调用两个异地的银行服务，其中一个是本地银行提供的取款服务，另一个则是目标银行提供的存款服务，这两个服务本身是无状态并且是互相独立的，共同构成了一个完整的分布式事务。如果从本地银行取款成功，但是因为某种原因存款服务失败了，那么就必须回滚到取款前的状态，否则用户可能会发现自己的钱不翼而飞了。

从上面这个例子中，我们可以看到，一个分布式事务可以看作是由多个分布式的操作序列组成的，例如上面例子中的取款服务和存款服务，通常可以把这一系列分布式的操作序列称为子事务。因此，分布式事务也可以被定义为一种嵌套型的事务，同时也就具有了 ACID 事务特性。但由于在分布式事务中，各个子事务的执行是分布式的，因此要实现一种能够保证 ACID 特性的分布式事务处理系统就显得格外复杂。

分布式事务具有 CAP 定理、BASE 理论，并针对业务场景中的一致性、可用性进行了明确概述。

（一）CAP 定理

加利福尼亚大学伯克利分校的埃里克·布鲁尔（Eric Brewer）教授在 2000 年分布式计算原理（PoDC）座谈会上首次提出了 CAP 猜想。2002 年麻省理工学院的赛斯·吉尔伯特（Seth Gilbert）和南希·林奇（Nancy Lynch）证明了 CAP 猜想的可行性，从此 CAP 理论成为分布式计算域公认的定理。该定理指出，一个分布式系统不可能在一次操作中同时满足一致性、可用性和分区容错性，最多只能同时满足其中的两项。

一致性：代表数据在任何时刻、任何分布式节点中所看到的都是符合预期的。一致性在分布式研究中是有严肃定义、有多种细分类型的概念，以后讨论分布式共识算法时，我们还会提到一致性，但那种面向副本复制的一致性与这里面向数据库状态的一致性从严格意义来说并不完全等同。

可用性：代表系统不间断地提供服务的能力。理解可用性要先理解与其密切相关的两个指标：可靠性和可维护性。可靠性使用平均无故障时间（MTBF）来度量；可维护性使用平均可修复时间（MTTR）来度量。可用性衡量系统可以正常使用的时间与总时间之比，其表征为：$A=MTBF/（MTBF+MTTR）$，即可用性是由可靠性和可维护性计算得出的比例值，譬如 99.9999% 可用，即代表平均年故障修复时间为 32 秒。

分区容忍性：代表分布式环境中部分节点因网络原因而彼此失联后，即与其他节点形成"网络分区"时，系统仍能正确地提供服务的能力。

没有任何一个分布式系统可以避免网络故障。当网络故障导致系统分区时，我们只能从一致性和可用性中选择其一。当我们选择一致性时，系统将返回错误或者不返回任何结果而导致超时；当我们选择可用性时，系统将尽可能地将最新的数据返回，但并不能保证数据一定是最新的。

如果没有网络故障，那么一致性和可用性都可以保证。

CAP 理论最常见的误解是，我们必须放弃三个属性中的一个，实际上，只有当网络分区发生时，我们才必须从一致性和可用性中选择一个，如果没有网络分区，也就不需要进行选择。

数据库系统如果按照传统 RDBMS 保证 ACID 的方式设计，则优先选择一致性；如果按照 BASE 理念设计，比如 NoSQL，则优先选择可用性。

传统的商业数据库，如单机的 DB2、Oracle 和 MySQL 没有分区，不存在分区容错性，因此它们属于 CA 类。

HBase 属于 CP 类系统，一方面是因为当从底层的 HDFS 写入时，必须所有副本都写入成功才能返回。另一方面是因为每一个区域的数据只有一个访问入口，即这个区域所属的区域服务器。当区域服务器故障时，它管理的区域将被分配到其他区域服务器，在这个过程中，这些区域无法访问。HBase 通过控制访问入口提高了一致性，但降低了可用性。假想一下，一个区域的三个副本可以通过不同的区域服务器访问，则很难控制不同副本之间的一致性。

与 HBase 不同，Cassandra 不需要所有副本都同步完成就可以返回。通过配置副本之间的同步策略，读和写只需要满足 $R+W > N$ 即可（R 表示读操作需要访问的副本数，W 表示写操作需要同步的副本数，N 表示副本总数），从而提高了写操作的可用性，降低了写操作的一致性，属于 AP 类。它通过读多个副本来弥补数据的一致性。

在银行业中，由于涉及大额资金交易，因此对数据的一致性要求极高，在设计分布式数据库时会选择优先保障 CP，在保障 CP 的前提下提高可用性。

综上所述，可以直接总结出舍弃 C、A、P 时所带来的不同影响。

如果放弃分区容忍性（CA without P），意味着我们将假设节点之间的通信永远是可靠的。永远可靠的通信在分布式系统中必定是不成立的，这不是想不想的问题，而是只要用到网络来共享数据，分区现象就始终存在。在现实中，最容易找到放弃分区容忍性的例子便是传统的关系数据库集群，这样的集群虽然依然采用由网络连接的多个节点来协同工作，但数据却不是通过网络来实现共享的。以 Oracle 的 RAC 集群为例，它的每一个节点均有自己独立的 SGA、重做日志、回滚日志等部件，但各个节点是通过共享存储中的同一份数据文件和控制文件来获取数据，通过共享磁盘的方式来避免出现网络分区。因而 Oracle RAC 虽然也是由多个实例组成的数据库，但它并不能称作分布式数据库。

如果放弃可用性（CP without A），意味着我们将假设一旦网络发生分区，节点之间的信息同步时间可以无限制地延长，此时，问题相当于退化到一个系统使用多个数据源的场景之中，我们可以通过 2PC/3PC 等手段，同时获得分区容忍性和一致性。在现实中，选择放弃可用性的情况一般出现在对数据质量要求很高的场合中，除了 DTP 模型的分布式数据库事务外，著名的 HBase 也属于 CP 系统。以 HBase 集群为例，假如某个 RegionServer 宕机了，这个 RegionServer 持有的所有键值范围都将离线，直到数据恢复过程完成为止，这个过程要消耗的时间是无法预先估计的。

如果放弃一致性（AP without C），意味着我们将假设一旦发生分区，节点之间所提供的数据可能不一致。选择放弃一致性的 AP 系统是目前设计分布式系统的主流选择，因为 P 是分布式网络的天然属性；而 A 通常是建设分布式的目的，如果可用性随着节点数量增加反而降低的话，很多分布式系统可能就失去了存在的价值，除非银行、证券这些涉及金钱交易的服务，宁可中断也不能出错，否则多数系统是不能容忍节点越多可用性反而越低的。目前大多数 NoSQL 库和支持分布式的缓存框架都是 AP 系统，以 Redis 集群为例，如果某个 Redis 节点出现网络分区，那仍不妨碍各个节点以自己本地存储的数据对外提供缓存服务，但这时有可能出现请求分配到不同节点时返回客户端的是不一致的数据的情况。

（二）BASE 理论

BASE 是 Basically Available（基本可用）、Soft state（软状态）和 Eventually consistent（最终一致性）三个短语的简写。BASE 是对 CAP 中一致性和可用性的权衡的结果，是根据 CAP 理论演变而来，核心思想是即使无法做到强—致性，但是每个应用可根据自身的业务特点，采用适当的方式来使系统最终执行。BASE 模型在理论逻辑上是相反于 ACID 模型的概念，它牺牲高一致性，获得可用性和分区容忍性。BASE 特性介绍如下。

1. 基本可用

基本可用指分布式系统在出现故障时，系统允许损失部分可用性，即保证核心功能或者当前最重要的功能可用。对于用户来说，他们当前最关注的功能或者最常用的功能的可用性将会获得保证，但是其他功能会被削弱。

2. 软状态

软状态允许系统数据存在中间状态，但不会影响系统的整体可用性，即允许不同节点的副本之间存在暂时的不一致情况。

3. 最终一致性

最终一致性要求系统中的数据副本最终能够一致，而不需要实时保证数据副本一致。例如，银行系统中的非实时转账操作，允许 24 小时内用户账户的状态在转账前后是不一致的，但 24 小时后账户数据必须正确一致。

最终一致性是 BASE 原理的核心，也是 NoSQL 数据库的主要特点，通过弱化一致性，提高系统的可伸缩性、可靠性和可用性。而且对于大多数 Web 应用，其实并不需要强一致性，因此牺牲一致性来换取高可用性，是多数分布式数据库产品的开发方向。

BASE 理论面向的是偏大型高可用、可扩展的分布式系统，通过牺牲强一致性来获得可用性，并允许数据在一段时间内不一致，但最终达到一致状态。在现实分布式场景中，不同业务对数据的一致性要求不一样。因此，在具体分布式系统设计过程中，ACID 特性和 BASE 理论会结合使用。

（三）分布式事务应用场景

分布式的应用场景分为服务内部跨多个数据库处理、跨内部服务调用处理、跨外部服务调用处理。

第一，针对服务内部跨多个数据库处理，即在同个内部里面同时访问多个数据库的数据进行处理，由于每个数据库特性各不相同，传统事务无法保证数据的一致性，需要引入分布式事务等技术方案，适合分布式事务的处理场景，这个场景中分布式体现在数据库多节点上。

例如，金融系统内部富含复杂统计和计算逻辑，分别根据汇率、核心数据、统计公式去计算更新，涉及多个数据库之间的调用处理操作，传统事务无法保证数据一致性，较适合分布式事务应用场景。

第二，跨内部服务调用处理，即微服务中某个服务内部引入了其他多个服务，多个服务之间的数据处理需要保证数据的一致性，即多个服务处理同时成功或同时失败，这个场景中分布式体现在服务或应用的部署上。

例如，采用微服务架构设计，下单服务中会分别调用订单服务、用户服务、库存服务等。每个服务都有特定的持久化方式，下单逻辑层面无法保证多个服务的数据一致性。可以通过分布式事务技术方案，特定实现保证数据一致性。

第三，跨外部服务调用，这是在第二个场景的基础上，进一步与第三方系统对接交互，第三方系统的服务实现不在控制范围之内，此时可以和第三方约定通信协议，这个场景是分布式数据一致性最难保证的场景。

第三方支付系统的内部结构、部署方式、数据库数据存储方式都不在可控范围内。如：下单成功后需要调用第三方支付系统，如何保证订单数据和支付数据的一致性很关键，否则会出现付款成功提示用户未支付、付款失败提示用户已支付等情况。可以和第三方系统预约好通信协议，通过合理化的分布式事务设计来保证数据的一致性。

三、分布式事务管理的主要内容

（一）分布式事务管理的目标

事务管理所追求的理想目标是执行效率、并行性和可靠性，而这三大目标有时并不能兼得。具体地说，维护可靠性可能降低事务运行效率。

事务的运行效率不仅取决于所采用的存取策略，还与下述因素密切相关。

1. CPU 和主存利用率

在 CPU 和主存利用率方面，分布式数据库几乎无异于集中式数据库。我们知道，多数数据库应用系统均受限于 I/O 的处理速度，即等待 I/O 的时间远大于计算时间。但在存在数十个乃至上百个并行事务的大系统中，CPU 和主存仍可能成为系统瓶颈。若操作系统要为每个活动事务都建立一个相应的进程的话，则绝大部分进程将在主存处发生频繁的调入调出。若要降低这一开销，事务管理机制就不能沿用通用操作系统所采用的进程控制方法，而只能根据数据库应用系统自身的特点来制定某些特别技术和方法。

2. 控制报文

在分布式数据库系统中，控制报文在场地间的交换个数也将影响系统运行效率。特别是在局部网系统中，控制报文的开销主要不在于传输开销而在于 CPU 开销。之所以这样考虑，主要是因为控制报文仅含有控制信息而不含任何应用数据，其在长度上远远小于数据报文；若不考虑查询优化问题，控制报文的尺寸和个数也会大为降低。此外，数据传输仅与具体应用有关，而控制报文的传输开销则在很大程度上取决于系统提供的机制。即使报文交换仅在同一场地的诸进程之间进行（即无报文传输开销），这一开销也不可避免。因此，对控制报文如此高昂的发送开销必须给予足够的重视。

3. 响应时间

与集中式数据库相比，分布式数据库毕竟存在场地间的通信开销。因此，为了获得可接受的响应速度，需要考虑每一事务的响应时间，事务运行效率问题显得更为突出。

4. 可用性

分布式事务管理还要考虑整个系统的可用性问题。在分布式环境下绝不希望因系统的某一场地发生故障而使得整个系统都停下来。因此，分布式事务管理算法必须保证那些不需访问故障场地的事务能够继续正确地执行。我们将会看到，在故障情况下，如何增加系统的可用性将作为评价事务恢复和并发控制算法的重要指标。

总之，分布式数据库事务管理的目标是：①维护事务的原子性、耐久性、可串行性和隔离性。②获得最小的主存和 CPU 开销；降低控制报文的传输个数和事务响应时间。③获得最大限度的系统可用性。

（二）分布式事务的进程模型与服务器类型

在集中式数据库中，进程模型是一种最简便的方法。在这种模型下，每一事务均对应一个操作系统进程。其优点是事务管理实体与操作系统实体存在着严格的对应关系；缺点是系统开销偏高。当事务发出 I/O 请求时，若所要存取的数据尚且没有进入主存缓冲区，则需进行进程切换，从而耗费昂贵的 CPU 时间。此外，系统为每一事务建立进程也要付出一定的开销，当进程数目过多时，主存将成为系统的瓶颈。为解决这一问题，许多集中式系统都单独设置了一个可在实时操作系统上运行的小型督监程序，并由它来专门进行事务管理。

在分布式环境下，若用进程模型来组织事务则要将操作系统进程视作局部进程。（这里认为目前尚无支持进程模型的分布式操作系统）。显然，一个分布式事务将涉及不同场地上的若干进程，这时，可将分布式事务的每一代理视作分立的局部进程，而分布式事务的状态则由全体局部进程的状态构成。

在实施进程模型时，主要关心的是进程数量问题。具体地说，应清楚为了执行同一事务的多重请求，到底在同一场地建立多少进程才算是最佳选择。下面给出两种极端方案并进行粗略的比较。一种方案是每接受一个请求便建立一个进程；另一种是仅为第一个请求建立进程，并在整个事务执行期间保留该进程。显然，为每一请求建立进程的总开销要比保留一个进程来得大；但为每一请求所建立的进程却比建立一个唯一的进程在尺寸上来得小。此外，前者在执行过后即可撤销并释放其资源。这里虽然没有给出明确的结论，但它暗示我们：进程数量既不宜过多，也不宜过少。

事务组织的另一方案是服务器模型。当采用这一模型时，服务器进程将独立于事务。事务通过发送请求报文申请服务器为其服务，并通过事务标识符动态地与服务器建立联系；而服务器则可交替地为多个事务服务。显然，这种模型降低了进程创建与进程切换所引入的开销，并且进程个数与事务个数无关。

在分布式环境下采用服务器模型时，分布式事务要发送远程报文请求服务器为其服务；在服务期间，服务器将被视作事务的代理。这时，事务的状态是一个完全独立的数据结构并通过服务器加以修改；而服务器进程的状态却全然不能表示事务的状态。

（三）分布式事务的计算结构

分布式事务的计算结构基本上分为集中式结构和层次结构。在集中式结构中，一个代理（总代理）可激活并控制所有其他代理。原则上讲，其他代理之间不能彼此通信；但为了减少传输开销，在某种程度上将允许这些代理直接建立通信。集中式方法在计算结上缺乏一定的灵活性，但对简化并发控制和恢复协议却颇有好处。

当采用层次结构时，每一代理均能激活其他代理，从而形成了以总代理为根的代理树。各代理之间可以直接进行通信。因此，这种模型更具一般性，并可将集中式结构看作它的一个特例。

此外，事务运行时的并行度是考查事务计算结构的重要指标之一。因此，大部分系统均允许同一事务的若干代理并行地执行。

四、事务服务的实现

在描述基本文件服务实现时我们知道，一个文件由一串页面构成，每个页面都存储在物理块中，文件的索引表中包含指向文件页面所在物理块的指针。事务服务的实现也可采用类似于文件表示的方法，但它包含更复杂的数据结构，以便处理恢复和并发控制。

（一）文件版本的实现

事务访问一个文件时，并非访问文件的所有数据项，而只是对文件中的一小部分进行操作。因此，只要将相应这一部分的页面进行修改即可，其他部分不需要改动。这样产生的文件版本可以大大减少文件拷贝的工作量，同时节省空间，这就是影子页（Shallow Pages）技术的核心思想。它的具体实现就是在每个文件的索引表项中扩充一项，即版本号，来表示该页的版本号。

这样新版本最初建立时，只需拷贝当前版本的索引，并修改相应的版本号即可。每个索引表项中包含块指针和版本号，未更改页在新旧版本间共享。第一次写操作时，服务器可申请一个新块，并将临时值写入其中，并修改新版本的索引表项中的指针和版本号，这里的临时版本是通过插入新的临时页完成的，该页即称为"影子页"。这样，每个版本中，文件的索引表既有新建立的块指针，又有原文件中未变化的块指针。当事务提交时，若不存在版本冲突，将临时版本的索引与当前版本的索引合并起来，选择最近版本号的各页。这样，新版本就包含了所有的新页，所有事务产生的修改均可记录在文件的这一新版本中。则临时版本就变为新的当前版本。（这里要放弃版本号低的旧页）

当事务关闭时，发现本版本的基础不是当前版本，表示发生了串行冲突，该事务便要中止，放弃该临时版本。

（二）意向表的实现

事务服务为每个事务保持一个意向表，其形式为稳定存储的意向记录表。同样，可以利用影子页面来实现意向表。在事务处理开始时，要对文件索引进行备份；事务提交时，把影子页面的块指针加入文件索引中，替代索引表中原来的块指针。这样，意向记录须记录信息：①操作类型（TWrite，TCreate，TTruncate，TSetLength，TDelete）；②事务标识符；③文件标识符 UFID；④页号；⑤影子页面块的指针。

使用影子页面来实现意向表的优点是，在事务处理的后一阶段不必再进行块复制，但它也有两个主要缺点：①每个意向表涉及文件的所有页面，而不是

TWrite 操作指定数据项的确切范围；②即使在事务处理的第一阶段，意向表也必须存储在稳定存储中，只有这样，服务器才能够在故障后重启时，回收包含影子页面的块。

（三）带锁意向表的实现

文件和事务操作允许对任意长度的数据项进行读、写操作，为简单起见，我们仅在文件页面级上提供锁，访问多个页面的操作会在它所作用过的每一个页面上都加上锁。这样，在客户访问其中一部分页面时，会导致并发性的丢失。因为两个并发事务不能访问同一页面上的不同数据项，这时就需要使用基于记录级或字节级的锁，这种方法与使用影子页面的方法是不兼容的。意向表的表示有两种选择，基于数据项要优于基于页面的方法，因为其粒度更小。

服务器为文件的每个页面保持一个锁集，其中可能有几个读锁和一个写锁，或者没有锁。为了避免不同事务同时修改锁而引起冲突，可以通过某种机制（例如 Monitor 等）对操作实施保护，这样在某一时刻只能有一个事务可执行 TRead、TWrite 或 Unlock。

第二节　分布式数据库的故障类型及恢复机制

一、分布式数据库的故障类型

造成数据库系统故障的原因很多，大致有 5 类：①软件故障。事务的一些操作可能引发故障，如应用程序运行错误，用户强制中断事务执行等。另外，操作系统以及数据库管理系统存在的错误也会引发故障。②硬件故障。如计算机系统的 CPU、内存故障等。③电源问题。电源电压过高或过低，频率达不到要求等。④操作员错误。如数据输入，删除数据错误等。⑤灾害和恶意破坏。不可抗拒的自然灾害如火灾、地震、计算机病毒或计算机犯罪等。一旦发生上述故障，就有可能造成数据的破坏或丢失。

根据故障产生的原因，总结数据库系统中可能发生的各类故障，可以归纳出数据库故障的种类有以下四类：

1. 事务故障

在数据库管理系统中，事务故障是指仅在事务内部发生的问题，而整个数据库系统仍在良好的控制下运行。这类故障可能由事务程序自身引发，例如运算溢出、死锁或违反完整性约束等，也可能是无法预测的外部因素导致。最为关键的是，当事务未能达到预期的终点（如 COMMIT 或 ROLLBACK）时，可能导致数据库处于不正确的状态。

事务恢复处理程序在这种情况下扮演着关键角色，它需要在不影响其他事务的情况下，强制撤销事务（UNDO），回滚对数据库的任何更新。这种处理不仅要求高效执行，还需要确保数据库的一致性，即使在事务故障发生时也能够迅速有效地修复问题，以防止数据库进一步陷入不一致的状态。

2. 系统故障

与事务故障不同，系统故障通常被称为软故障，它包括硬件错误、操作系统故障、数据库管理系统代码错误以及突然停电等问题。相较于事务故障，系统故障的影响范围更广，会直接影响所有正在运行的事务。（不会破坏数据库的整体结构）

系统故障导致主存中的内容丢失，包括数据库缓冲区，进而使所有运行中的事务被迫非正常终止。故障恢复处理程序在这种情况下显得尤为重要，它需要在系统重新启动时执行一系列复杂的操作，包括回滚未完成的事务、UNDO 未写回磁盘的已完成事务，并通过 Redo 机制重新执行已提交的事务，以确保数据库的一致性。

3. 介质故障

介质故障，又称为硬故障，主要指外存储介质发生故障，最常见的情形是磁盘损坏。这一故障严重威胁数据库系统的完整性，因为磁盘的损坏可能导致数据库的破坏或部分数据的丢失。数据库系统通常存储着组织和企业的重要信息，一旦发生介质故障，可能对相关事务产生不可挽回的影响。为了应对这种情况，数据库管理人员通常会采取备份数据的方式，或者使用其他介质中的内容进行恢复。备份数据的恢复是一种有效的手段，可以帮助系统迅速恢复到故障发生前的状态，最大程度地减小损失。

4. 恶意破坏或计算机病毒

计算机病毒是一种具有破坏性并能够自我复制的程序，一旦侵入数据库系统，可能引发严重的后果。数据库系统的稳定性和可靠性将面临极大威胁，可能导致整个数据库系统的崩溃或数据的大规模丢失。在这种情况下，采取恢复技术是非常关键的，以还原数据库到受到病毒侵袭之前的正常状态。这种情况下的数据库影响有两种可能性：一是数据库已经遭受破坏，无法读取数据或数据存在大量错误，无法正常使用；二是数据库未被破坏，但可能存在错误数据，需要进行纠正。事务中断也可能导致数据库出现不一致性状态，即事务未能完全成功执行，导致数据库的不一致性。在这种情况下，解决的方法是将数据库恢复到事务执行前的状态。数据库管理系统的主要职责是在最短时间内将数据库从破坏或不正确状态恢复到正确状态，这一目标通过备份和恢复机制以及基于数据冗余存储原理的实施得以实现。数据冗余存储的基本原理是，任何被破坏或不正确的数据库数据都可以通过系统中别处的冗余数据进行重建，从而保障数据库的稳定性和可靠性。

二、大数据库系统中的故障类型

对于大数据库系统，由于其数据规模巨大、节点数目繁多且动态可变、节点间交互较为频繁，因此同传统分布式数据库系统相比，大数据库系统可能发生的故障类型显得更为复杂多样。

在大数据库系统中，常见的故障类型可归纳为四种：事务内部的故障、系统故障、存储介质故障以及通信故障。

（一）事务内部的故障

有些大数据库系统是支持事务的，因此这些系统可能会发生事务内部的故障。与集中式数据库系统相同，大数据库系统中事务内部的故障可细分为可预期的和不可预期的。前者可以通过事务程序本身来检测，而后者不能被应用程序所检测并处理。事务内部的故障大多数都是不可预期的，数据库恢复机制要强行废弃该事务，使数据库回滚到事务执行前的状态。

（二）系统故障

系统故障的表现形式是使系统停止运转，必须经过重启后系统才能恢复正常。在大数据库系统中，由于内存错误、服务器断电等原因，使服务器发生宕机而处于系统故障之中。这类故障的特点是：数据库本身没有被破坏，但内存中的数据全部丢失，节点无法正常工作，处于不可用状态。对于系统故障，在设计大数据库系统时需要考虑如何通过读取持久化介质中的数据来恢复内存信息，从而使数据库恢复到系统故障发生前的某个一致的状态。若系统支持事务，需要将所有非正常终止的事务强行废弃，同时将已提交的事务的结果重新更新到数据库中，以保证数据库的正确性。

（三）存储介质故障

存储介质故障是指存储数据的磁盘等硬件设备发生的故障。例如，磁盘损坏、磁头碰撞、瞬时强磁场干扰等均为存储介质故障。在大数据库系统中，存储介质故障发生概率很高。这类故障的特点是：不仅正在运行的操作受到影响，而且数据库本身也被破坏。对于存储介质故障，在设计大数据库系统时需要考虑如何将数据备份到多台服务器。这样，即使其中一台服务器出现存储介质故障，也能从其他服务器上恢复数据。

（四）通信故障

在网络环境下，运行环境出现网络分区一般是不可避免的，所以大多数大数据库系统均需具备分区容错性，即 CAP 中的 P。因此，通信故障是大数据库系统要重点解决的一类故障。引发通信故障的原因可能是消息丢失、消息乱序或网络分割。其中，网络分割将造成系统中的节点被划分为多个不连通的区域，每个区域内部可以正常通信，但区域之间无法通信。对于通信故障，在设计大数据库系统时需要考虑发生在网络通信中不同阶段的不同异常类型，并给出应对策略。

三、分布式数据库的恢复机制

（一）数据库恢复机制

数据库恢复机制包括一个数据库恢复子系统和一套特定的数据结构。数据库恢复机制涉及的两个关键问题是：第一，如何建立冗余数据；第二，如何利用这些冗余数据实施数据库恢复。

数据库的恢复基本原理很简单，就是"冗余"（Redundancy），即数据库数据重复存储。建立冗余数据最常用的技术是数据转储和登录日志文件。通常在一个数据库系统中，这两种方法是一起使用的。

为了有效地恢复数据库，必须对数据库进行数据备份。数据备份的功能是在用户数据一旦发生损坏后，利用备份信息可以使损坏数据得以恢复，从而保障用户数据的安全性。通常需要把整个数据库备份两个以上的副本，这些备用的数据文本称为后备副本或后援副本。后备副本应存放在与运行数据库不同的存储介质上，一般是存储在磁带或光盘上，并保存在安全可靠的地方。

数据转储是定期的，而不是实时的，所以利用数据转储并不能完全恢复数据库，它只能将数据库恢复到开始备份的那一时刻。如果没有其他技术措施或支持，在备份点之后对数据库所做的更新将会丢失，也就是说数据库不能恢复到最新的状态。因此，必须把各事务对数据库的更新活动登记下来，建立日志文件（Log File）。这样，后援副本加上日志文件就能把数据库恢复到某一时刻的正确状态。

1. 数据转储

数据转储是数据库恢复中采用的基本技术。定期地将整个数据库复制到磁带或光盘上保存起来的过程称之为数据转储（Dump）或备份，数据转储工作一般由数据库管理员（DBA）承担。定期备份数据库是最稳妥的解决介质故障的方法，它能有效地恢复数据库。是一种既廉价又保险，同时又是最简单的能够恢复大部分或全部数据的方法。即便采取了冗余磁盘阵列技术，数据转储也是必不可少的。

当数据库遭到破坏后可以将后备副本重新装入，这时只能将数据库恢复到转储时的状态，要想恢复到故障发生时的状态，必须重新运行自转储以后的所有更新事务。

转储是十分耗费时间和资源的，不能频繁进行。DBA 应该根据数据库使用情况确定一个适当的转储周期。

数据转储操作可以动态进行，也可以静态进行。

（1）静态转储。静态转储也称作离线或脱机备份，是指在系统中无运行事务时进行的转储操作。即转储操作开始的时刻，数据库处于一致性状态，而转储期间不允许（或不存在）对数据库的任何存取、修改活动。显然，静态转储得到的一定是一个数据一致性的副本。静态转储简单，但转储必须等待正运行的用户事务结束才能进行，同样，新的事务必须等待转储结束才能执行。显然，这会降低数据库的可用性。

（2）动态转储。动态转储也称作在线备份，是指转储操作和用户事务可以并发执行，转储期间允许数据库进行存取或修改。动态转储克服了静态转储的缺点，它不用等待正在运行的用户事务结束，也不会影响新事务的运行。这种方法虽然能够备份数据库中的全部数据，但在备份过程中数据库系统的性能将受到很大影响（降低）。

数据转储还可以分为海量转储和增量转储两种方式。

（1）海量转储。海量转储是指每次转储全部数据库（静态或动态），即完整地备份整个数据库，同时也备份与该数据库相关的事务处理日志。这种方式通常在第一次转储时使用或一旬、一月进行一次转储时使用，因为进行海量转储需要很长的时间。

（2）增量转储。增量转储是指每次只转储上一次转储后更新过的数据。这部分相对整个数据库来说数据量要小得多。所以，每天的转储通常以增量转储方式进行。从恢复角度看，使用海量转储得到的后备副本进行恢复一般说来会更方便些。但如果数据库很大，事务处理又十分频繁，则增量转储方式更实用更有效。

也有将数据转储这种备份方式称之为数据库导出（或卸出），如 Oracle 提供数据导出命令 Export。

2．日志文件

为了保证数据库恢复工作的正常进行，数据库系统需要建立日志文件。

（1）日志文件的格式和内容。日志文件是用来记录事务对数据库的更新操作的文件。事务在运行过程中，系统把事务开始.事务结束以及对数据库的插入、修改和删除的每一次操作作为一条记录写入"日志"文件。

每个日志记录（Log Record）的内容主要包括：①事务的开始（BEGIN

TRANSACTION）标记；②事务标识（标明是哪个事务）；③操作的类型（插入、删除或修改）；④操作对象（记录内部标识）；⑤更新前数据的旧值（对插入操作而言，此项为空值）；⑥更新后数据的新值（对删除操作而言，此项为空值）；⑦事务的结束（COMMIT 或 ROLLBACK）标记。

一般日志文件与其他数据库文件应不在同一存储设备上，这样可避免同时受硬件引起的故障的影响。日志文件比较庞大，大型应用系统的日志文件每天可达几十兆或数百兆。因此在运行过程中，应采用各种压缩技术，减少所需的存储空间，提高恢复工作的效率。例如，对已经发出 COMMIT 的事务不会再被撤销了，就不需要保留旧值，但新值仍需保留，以便事务重做。

（1）在数据库恢复过程中，日志文件发挥着至关重要的作用。首先，事务故障和系统故障的恢复过程都不可避免地依赖于日志文件的详细记录。在动态转储方式中，日志文件与后援副本相结合，为数据库提供了高效的恢复手段。这种融合使得系统能够在发生故障时，迅速而有效地将数据库恢复到一致的状态。相比之下，在静态转储方式中，日志文件与后援副本的协同作用同样至关重要。通过这两者的联合作用，数据库可以被还原到正确的状态，从而实现对已完成事务的重做和未完成事务的撤销，而无需重新运行已完成的事务程序。这种日志文件在数据库恢复中的多层次应用，使得系统更为稳健和可靠。

（2）登记日志文件时，系统必须遵循一系列原则，以确保安全性和可恢复性。遵循"先写日志文件"原则是至关重要的，这意味着在对数据库进行实际修改之前，必须首先记录相关操作到日志文件中。这种先记录后执行的手法保证了在数据库发生故障时，能够追溯和还原所有的关键操作。同时，为了确保安全性和可恢复性，系统必须保证写入日志文件和写入数据库的操作顺序正确，防止因为操作顺序错误导致的数据库修改无法被正确恢复。最后，在事务的生命周期中，只有在所有运行记录已被写入日志文件后，事务才被允许结束。这一步骤的实施保证了事务的完整性和可追溯性，为系统提供了可靠的数据操作保障。因此，这些登记日志文件的原则为数据库系统的稳健性和可靠性提供了坚实的基础。

3. 归档日志文件

一个大型的数据库运行系统，一天可以产生数百兆的日志记录。因此把日志记录完全存放在磁盘中是不现实的。一般把日志文件划分成两部分，一部分是当前活动的联机部分，称为联机日志文件，存放在运行的数据库系统的磁盘上；另一部分就是归档日志文件，其存储介质一般是磁带或光盘。当一个联机日志文件被填满后就发生日志切换，形成数据库的归档日志文件。需要注意的是，归档日志文件必须绝对可靠地保存。

（二）分布式数据库恢复机制设计

"分布式数据库恢复机制的实现依赖于一致状态下的全局数据库（完整、增量或差异）备份和其后完整的操作历史记录。"恢复机制的主要实现步骤：首先，备份恢复控制器查询备份信息，如备份集的名称、存放位置、备份开始时间等，并传递给本地事务管理器，启动恢复操作流程；其次，本地事务管理器还原最近一次完整的数据库备份；再次，本地事务管理器还原最近一次差异备份或最近一次数据库备份之后的所有增量备份；最后，重做最近一次数据库备份开始时间之后的操作历史记录。

第三节　分布式可靠性协议与大数据库恢复管理

一、分布式两阶段加锁协议

当把并发控制概念从集中式的情况推广到分布式的情况时，首要任务是考虑怎么将在物理或局部项上的加锁变成在逻辑或全局项上的加锁。在分布式环境下，对物理数据项的加锁就是对逻辑数据项 A 的一个物理副本 Ai 加锁，这可以通过向 Ai 所在场地的局部锁管理器请求加锁来完成。对物理副本的加锁必须保持逻辑项上的锁应有的性质。如果仍用读锁和写锁，则两个事务不能在同一逻辑项上同时拥有写锁或一个有读锁，而另一个有写锁，但任意数量的事务可以在这同一逻辑项上同时得到读锁。如果一个项仅有一个副本，则这个逻辑项同它的唯一物理副本相同。因此，当且仅当正确地持有了副本的锁，才能持有逻辑项上的锁。如果一事务希望加锁只有一个副本的项 A，它只需发送一个加锁要求的消息到这个副本所在场地，而该场地的锁管理器可返回一个消息许可或拒绝加锁。如果一个项有若干副本，则从物理锁到逻辑锁的转换可用多种方式完成。每种方式有各自的优点。

现在，必须考虑怎么利用锁以保证若干个在不同场地运行的子事务组成的事务的（调度的）可串行性。在一个分布式环境下的事务调度是一个事件序列，每个事件发生在一个场地。当多个场地同时做某个操作时，可按照全局时钟任意给这些同时发生的事件一个顺序。如果一个事务的所有操作在另一事务的所有操作之后，这样一个事务跟着一个事务运行，那么这个调度就是可串行的。如果一调度等价于一个串行调度，即在数据库上的效果等价，则这个调度是可串行的。

在集中式系统中，调度的可串行性和两阶段加锁协议紧密相联。现在，考虑怎样把两阶段加锁推广到分布式的环境下。首先会猜测到在每个节点上，子事务应遵守两阶段协议，但这是不够的。

例如，假设逻辑事务 T1 有两个子事务：T1.1 在场地 S1 运行，并对逻辑项 A 的副本 A1 写入一个新值；T1.2 在场地 S2 运行，并对逻辑项 A 的副本 A2 写同一个新值。事务 T2 也有两个子事务；T2.1 在 S1 上运行并写入 Al 的一个新值；T2.2 在场地 S2 上运行并把这同一个值写入 A2。假设这些事务在逻辑项上的锁遵守"写全锁"协议。

场地 S1 的情况表明，T1.1 在串行序中必先于 T2.1。在 S2 的情况告诉我们 T2.2 必先于 T1.2。不幸的是，串行序必须由子事务和逻辑事务同时遵从。因此，如选择 T1 先于 T2，则 T1.2 先于 T2.2，这就违反了在 S2 的局部次序。类似的，如果这个串行序选择 T2 先于 T1，则又违反了场地 S1 的局部次序。事实上，A 的两个副本最终会得到两个不同的值，这就表明了没有等价的串行调度存在。

上面出现的问题不仅限于用写全锁，无论用哪种全局加锁方法，都是不可串行的。

上述实例所说明的问题是：为了使分布式事务具有在集中式系统中遵从两阶段加锁协议的事务的性质，不仅要求局部事务是两阶段加锁的，而且还要求全局事务也是两阶段加锁的。也就是说，当还有站点的子事务要申请加锁时，其他站点的子事务不能释放任何锁。

这样，给定事务的各个子事务必须通知其他子事务，它已得到了所有它要的锁。只有在所有子事务都到达它们的独立锁点后，这个事务作为整体才达到它的锁点。在这之后，子事务才可释放它们的锁。所有子事务协调一致都达到锁点的问题是分布式协调问题。另一个分布式协调问题：分布式事务交付，到那时，将明白分布式协调是很复杂而且代价昂贵的，特别是在可能的网络故障时继续工作，问题就更复杂了。所以，在分布式事务管理中，专门发送控制消息，以协调所有子事务到达锁点，其代价太大，一般不采用这种方法，而只协调所有子事务到达交付点。为此，应有严格的两阶段加锁协议：所有事务的子事务的加锁必须在所有事务解锁之前，达到交付点后事务才能解锁。

有许多理由要求分布式环境下的事务应该遵从严格的两阶段加锁协议，即仅在它们达到交付点后才能解锁。例如，读"脏"数据的问题、相继发生的瀑布式回退等都可以用严格的两阶段加锁解决。如果事务遵从严格的两阶段加锁协议，则可把交付点作为锁点。子事务完成交付，并且只有在交付以后才能释放锁，不需要单独的协调锁点的过程。

定理：若所有分布式事务均遵从严格的两阶段加锁协议，则这些事务的所有合法的调度都是可串行化的。

二、两阶段交付协议

分布式事务在终止之前也必须完成一个交付操作。由于在不同站点上的子事务存在，使这一交付过程更加复杂。假设有一事务 T 在某个场地初始化，并且在别的几个场地上生成了子事务。我们也称 T 在其本场地执行的部分为逻辑事务 T 的一个子事务。这样，逻辑事务 T 就纯粹由在不同场地执行的子事务组成，将用协调者和参与者来区分主站点上的子事务和其他站点上的子事务。当描述分布式交付过程时，这个区别很重要。

在无故障时，分布式交付概念是简单的。逻辑事务 T 的每个子事务 Ti 决定要交付还是夭折，Ti 可能因任何原因而夭折，比如卷入了死锁或一次非法的数据库存取。当 Ti 决定要交付或夭折时，它发送一个投票夭折或投票交付的消息给协调者。如果发送了投票夭折消息，Ti 知道逻辑事务 T 必将夭折，所以 Ti 可以终结。相反，如果 Ti 发送的是投票交付消息，则它不知道 T 是否最终将交付或是否会由于其他子事务决定夭折而引起 T 夭折。因此，投票交付以后，Ti 必须等待来自协调者的消息。如果协调者从任一子事务收到投票夭折的消息，它将发送夭折的消息给所有子事务，使它们都夭折，于是逻辑事务 T 夭折。如果协调者从所有子事务（包括它自己），收到的都是投票交付的消息，则它知道 T 可以交付，协调者将发送交付消息给所有子事务。这时，所有子事务都知道 T 能够交付，于是在各自的场地采取必要的步骤来完成这个交付，比如写入日志和释放锁。

两阶段交付协议有两个阶段；先投票再决策，故称为两阶段交付。两阶段交付并没有避免所有阻塞，但它确实大大减少了阻塞的可能性。

两阶段交付在最简单的协议上提出了两个改进。首先，当子事务期待着回答消息时，将计算时间。如果这个消息的延迟时间太长，则很可能出现了一个网络故障。此时，子事务"超时"，进入它将从中恢复的一特殊状态。最严重的问题是当一个参与者处于愿意交付状态时出现超时，即因它发送了投票交付的消息拖延的时间超过了一个预先设置的时间限。为了避免阻塞，这样的事务将发送一个"帮助我"（help-me）的消息到所有其他参与者。当接收到"帮助我"消息时，会有下列状态发生：

第一，交付状态的参与者回答交付。因为它一定已从协调者处得到交付消息，并且知道所有参与者都赞同交付，所以它这样做是安全的。

第二，处于夭折状态的参与者可以发送夭折消息，因为它知道事务必须夭折。

第三，还没有投票的参与者（比如在初始状态的参与者）可以通过有意决定夭折来帮助解决问题，所以它可做出夭折的回答，并发送投票夭折的消息给协调者。

第四，等待状态的参与者不能帮助解决问题，它不产生回答。

一个阻塞的事务接收到一个夭折或交付消息，遵照指令将进入相应的状态。下面的定理证明这样的选择总是正确的。

定理：发送一个"帮助我"消息的参与者，①不可能从别的参与者收到交付和夭折两种回答。②如果协调者最终能发送夭折消息，则不可能从某个参与者得到交付的回答。③如果协调者最终能发送交付消息，则不可能从某个参与者得到夭折的回答。

证明：只有当别的参与者已收到了交付消息，即协调者已发送了交付消息时，Ti 才可能接收到交付的回答。所以，②成立。

在前述的第二和第三的情形中，Ti 可能收到夭折消息。在第二个情形中，发送消息的参与者或者已经从协调者处得到夭折消息，或者已决定夭折。前者，协调者已发送了夭折的消息；后者，协调者将要接收或者已经接收夭折消息，或者它将出故障而不会发送，也绝不可能发送交付消息。在第三个情形中，发送消息的参与者事先没有投票，所以协调者既没有发送交付消息也没发送夭折消息。然而，参与者现在发送投票夭折的消息。所以，协调者决不会发送交付消息，③也成立。

对于①，只有当协调者已发送了交付消息后，Ti 才可能从一个参与者那儿接收到交付消息。所以，第二和第三个情形是不可能的，故 Ti 也不可能从参与者那里收到夭折消息，①也成立。

两阶段交付所用的另一个方法是，由协调者向所有参与者发送一个"开始投票表决"的消息来开始投票。在某些情形下，可以不用发这个消息，因为每个子事务可以认为它能尽快地投票。然而，如同刚刚看见的那样，如需要从愿意交付的状态恢复，则每个子事务必须知道其他参与者。当每个事务被建立时，不一定要知道整个参与者的集合，因为事务可能会执行条件语句，并在不同的分支用不同的事务。所以，"开始投票表决"消息的一个功能是发送所有参与者的表，以备需要帮助时用。

三、无阻塞提交协议

在终止事务之前，若因某类故障迫使操作的参与者不得不在故障修复之前一直处于等待态，则说这种提交协议是阻塞的。若一事务不能在其执行操作场地之上得以终止，则说事务在该场地处于挂起态。例如，在两阶段提交协议中，若协调者失事，与此同时，某参与者又明确它已准备提交，这时，参与者就必须等待协调者的恢复，而在等待期间，将会因为不能终止而不得不进入挂起态。这时，我们说两阶段提交协议发生了阻塞。阻塞期间，又由于处于挂起状态的事务仍封锁着它们所占有的资源，因此系统的可用性将大为降低。

由于提交协议中的 ACK 报文对理解阻塞问题无任何联系，为简单计，本节的讨论将不再考虑 ACK 报文。

研究如何使得提交协议具有无阻塞特性，就会涉及一个可用于影响协调者与参与者演变过程的有力工具：状态图。当采用状态图来分析协议的可靠性时，不得随意将状态迁移视作原子迁移。例如，事务从状态 X 迁移到状态 Y，输入为 I，输出为 O。现假设在状态迁移过程中发生了如下事件：

第一，接收输入报文 I。

第二，将新状态 Y 记入长久性存储器。

第三，发出输出报文 O。

如果场地故障出现在事件一和事件二之间，则场地将停留在状态 X，同时造成输入报文丢失。如果场地故障发生在事件二和事件三之间，则场地将进入状态 Y，而输出报文尚未发出。至于重启动，由于只有状态信息是可用的，因此场地无法断定 O 是否已经发出。通常，从故障中恢复过来的场地对最后一个报文发出与否无法做出独立判断。此外，上述问题与事件二和事件三发生的顺序无关，就是说即使交换了这两个事件的发生顺序，也仍然解决不了问题的症结。

（一）场地故障时的无阻塞提交协议

假设系统只发生场地故障而不发生网络分割。若以协调者场地发生故障为前提来设计一个允许事务终止于所有操作场地的两阶段提交协议，则要受限于下述条件，就是说，除非满足下述条件之一，否则事务将不能正确地终止于所有的操作场地。

第一，至少要存在一个已接收到命令的参与者，使得该参与者能将事务的执行结果告知其他参与者，并能终止该事务。

第二，不存在任何接收到命令的参与者，且仅协调者场地发生毁损。这时，众多的参与者可以推选出一个新协调者并重新执行该协议。

现对上述结论做如下解释：如果不是上述情况之一，不妨设参与者中无一接收到命令且至少有一个参与者场地发生了故障，这时，众多的参与者将无法知道发生故障的参与者到底执行了什么命令，同时也不可能做出有根据的判断；况且，在很多情况下，协调者在提交时也要同时充当参与者。（因为更新要在事务的源场地进行。）因此，若协调者失事，便可断定终止条件是不成立的。为此，一个变通的做法是将两阶段提交协议改造成三阶段提交协议。

1. 三阶段提交协议

在三阶段提交协议中，众多的参与者在提交的第二阶段将不直接提交事务而是要它们进入新设置的状态——准备提交态，从而形成三阶段提交。引入新状态的主要目的在于改善提交事务的准确度，即状态迁移的准确度。在三阶段提交时，协调者在第二阶段将发出正常的 ABORT 命令或 ENTER-PREPARED-STATE 命令。若发出的是 PCM 报文，协调者便进入提交前的状态即准提交态。若各参与者已完成 PCM 命令，则必须发出 OK 报文，然后进入准备提交态并将该状态记入长久存储器。最后，若协调者收到了全部 OK 报文，它便发出提交命令从而进入最后的提交态。

由上述可见，三阶段提交协议可在导致标准的两段提交协议发生阻塞的故障下终止事务，之所以获得这一效果要完全归因于新加入的第三阶段。同时，我们必须说明在新协议的第三阶段也不会因故障而发生阻塞。道理很简单，在第三阶段开始时，所有的参与者均处于准备提交态；此时，若原协调者发生故障，则可由终止协议推选出新的协调者并提交该事务。

不难看出，新协议要求三阶段提交和两阶段中止。为能正确地执行三阶段提交协议，还要为操作的参与者设计终止协议，并为出故障的参与者设计重启动过程。

2. 三阶段提交的终止协议

在设计终止协议时要基于如下性质：在操作的参与者中，若存在一个且至少存在一个参与者尚且没有进入准备提交状态，则协议可安全地中止事务；反之，若存在一个且至少存在一个参与者已进入准备提交态，则协议可安全地提交事务。

由于上述的两个条件不具互斥性，使得终止协议不可能在所有的情况下均能唯一地确定是提交事务还是中止事务。因此，必须针对两个条件同时成立的情况做出一个约定。具体地说，当两个条件均成立时，若终止协议总是决定提交事务则说该协议是渐近的，否则为非渐近的。若终止协议通过选择新协调者来指导事务终止则说终止协议为集中式的，否则为分散式的。在终止协议中属集中式非渐近协议最为简单。

（二）能够处理网络分割的协议

我们知道，在网络分割的情况下，二阶段提交协议会阻塞属于同一参与者群中的诸参与者。若采用两阶段提交的终止协议来处理网络分割故障，则要求在每一参与者群中至少要存在一个已接收到命令报文的场地。（这是终止事务的必要条件。）如果必要条件成立，终止协议就可按类似于处理协调者场地故障的方法进行操作。具体地说，它要从参与者群中推选出一个场地作为新协调者；而后，由新协调者向它所在的群中的所有参与者发出查询以便了解它们收到了何种命令。假设至少存在一个参与者知道该命令，则由新协调者将它所获得的命令发往该群中的所有参与者。

显然，上述终止协议仅在某些情况下方可奏效。然而我们所感兴趣的是，在网络分割情况下是否存在一个总是允许在所有的操作场地上终止事务的提交协议。

然而事实上，我们难以找到可处理网络分割故障的无阻塞协议。为此，需要寻求各种可能的对策并从中加以选择，以便相对有效地处理网络分割故障。一种策略是容许至少在一个场地群中终止事务，并使得该群尽可能为各网络分区中具最多场地的群，力争将阻塞降至最低限度。但由于在网络分割的情况下，一个分群并不知道其他群的尺寸，除非它本身含有多数场地，否则将无法找到能确定哪一个分群为最大分群的可行途径。

为解决这一问题，现已探索到两种对策。一种是主场地法，另一种是多数场地法。在主场地法中，总是将一个场地指定为主场地，并允许含有主场地的群来终止事务，在多数场地法中仅容许含有多数场地的群来终止事务，在后一方法中，可能会发生这样一种情况，即没有哪个群可达到多数，从而导致所有的群均发生阻塞。

1. 主场地法

若将两阶段提交协议与主场地结合起来使用，则当且仅当所有悬挂事务的协调者均属于主场地群（主群）时方可终止处于该群中的所有事务。要达此目的则要将协调者的功能分配给主场地。然而这种方法对大多数网络来说均是无效的；更进一步地说，它对主场地故障将毫无办法。然而，在许多子网络中，主场地故障较之网络分割更易发生。因此，从总体上看，该方法不但不能减少阻塞反而有增加阻塞的可能性。

如果我们避开上述条件（即仅主场地拥有所有的协调者）但仍然希望在主群中终止事务，则要使用三阶段提交协议。这时，它要将其他场地一律视作关闭场地（其实不然）并由主群中的场地终止事务。实际上，处于同一分群中的诸场地无法区分系统发生的是网络分割还是其他场地发生了多重故障（多个场地同时发生故障）。当修复分割故障时，从属群中的诸场地也必须准确地开动，从形式上看，它们无异于从与所有挂起事务相关的毁损中执行了重启动。当然，在网络分割期间，它们不得释放它们所占有的资源。

2. 多数场地法和基于法定数法

多数场地法避免了主场地法的上述缺点。它的基本思想是要在事务提交或中止之前先由多数场地做出一个提交还是中止事务的约定。多数法要求设置一个专门的提交协议，它不能与标准的两阶段提交协议合用。

概括地说，基于多数的核心是为诸场地分配不同的权值，并将采用了加权多数的协议叫作基于法定数协议。分配给场地的权通常叫作选票，且仅当场地对事务要做中止或表决时方用到选票。

基于法定多数协议的基本规则是：

（1）使每一场池 i 与投票数 V_i 发生关联，V_i 是一个正整数。

（2）令 V 为网络中所有场地之投票数的总和。

（3）在事务提交前，它必须收集提交法定数 V_c。

（4）在事务中止前，它必须收集中止法定数 V_a。

（5）$V_a + V_c > V$。

有了规则（5）就可保证要么提交事务，要么中止事务，因此，它实现了基于多数的思想。实用中，常取 $V_a + V_c = V + 1$。

当使用这个协议的时候，首先要注意的是，务必将重启动场地也计入法定数计数公式，否则就会冒永远达不到法定数的风险，第二，如果故障恰好出现在协调选票的场地，这时将因无法获知是否已达到法定数而出现不定性。因此要求已对提交或中止做出了表决的场地不得再次改变它原有的意向。具体地说，一场地只要它加入了提交（中止）法定数，它就不得加入中止（提交）法定数。第三，出于更缜密的考虑，应预料到一个已投过票的场地同样会发生故障，所以还要将参与建立法定数的成员记入长久存储器，并引入一个新状态——准备中止态。只要一个场地加入建立法定数的行列，它就必然处于准备提交态或准备中止态，同时不再容许它从准备提交态变化到准备中止态，反之亦然。然而，处于准备提交（准备中止）态的场地也可根据场地加权多数的表决结果来中止（提交）事务。结论是：处于就绪态的场地已声明它同意在任何方向上变化。处于准备态的场地仍可在任何方向上变化，然而它已表露了它不可改变的意向。

四、大数据库恢复管理

大数据库系统每天需要操作的数据量越来越大，集群规模也在不断扩大，难免会发生一些故障。容错就是当由于种种原因在系统中出现了数据损坏或丢失时，系统能够自动将这些损坏或丢失的数据恢复到发生事故以前的状态，使系统能够连续正常运行的一种技术。构建具备健壮性的分布式存储系统的前提是具备良好的容错性能，具备从故障中恢复的能力。按照实现方式的不同，可将大数据库系统中的容错技术分为基于事务的和基于冗余的，前者通常利用数据库日志文件（包括 Redo 日志和 Undo 日志）对数据库事务进行恢复操作；后者通常将原有的数据和服务迁移到其他正常工作的节点上，利用冗余资源完成故障恢复。本节将针对大数据库系统中的恢复管理问题、故障类型、故障检测技术、基于事务的容错技术和基于冗余的容错技术进行介绍。

（一）大数据库的恢复管理问题

随着大数据时代的到来，数据库系统所需要承受的计算任务越来越复杂，计算复杂度也逐渐增加。这使得由硬件失效或应用程序失败所造成的系统终端故障概率变大，从而消耗更多的恢复成本。因此，对于大数据库系统来说，具备有效的恢复管理机制至关重要，以此来确保大规模计算环境的可用性。大数据库系统的恢复管理需要解决如下问题：

1. 支持自适应的故障检测

只有能有效、及时地检测到故障发生，才有制定恢复策略的可能。因此，支持自适应的故障检测是数据库系统具有良好容错性能的前提。但是，在大数据库系统中，系统很难分辨一个长时间没有响应的进程到底是不是真的失效了。若贸然判断其失效，则被判断为失效的进程在过段时间后可能会继续提供服务，出现多个进程同时服务同一份数据而导致数据不一致的情况。因此，大数据库恢复管理需要权衡响应时间和虚假警报率之间的轻重，并能动态地对该权衡因子进行自动调整。

2. 能够与传统恢复管理策略兼容

传统的分布式数据库通常依据数据库日志文件和两段提交协议对数据库事务进行恢复。对于大数据库系统来说，数据（包括日志文件）在系统中一般存储多个副本，而多个副本有可能带来数据不一致的问题。因此，大数据库恢复管理需要将传统分布式数据库中基于事务的故障恢复策略与多副本管理策略相结合。

3. 支持系统的高可用性

可用性用来衡量系统在面对各种异常时能够提供正常服务的能力。为了保证系统的高可用性，大数据库系统中的数据一般被冗余存储。当系统发生故障时，一方面要利用冗余资源来替代故障节点继续提供服务，另一方面还要保证故障发生后这些冗余资源之间的一致性。为此，大数据库恢复管理需要在故障恢复后保证数据的一致性。

（二）基于事务的大数据库容错技术

若大数据库系统支持事务，数据库恢复管理器主要依据日志文件对数据库事务进行恢复。该恢复过程主要是针对事务内部的故障和系统故障来进行。若事务处理涉及多个场地，除了上述故障类型外，还需要针对通信故障进行恢复。Megastore 和 Spanner 系统在故障恢复过程中均采用了基于事务的容错技术，具体如下：

在 Megastore 系统中，同一个实体组内部支持满足 ACID 特性的事务。Megastore 系统使用 Redo 日志的方式实现事务，将同一个实体组的 Redo 日志记录到该组的根实体中，对应 Bigtable 系统中的一行，从而保证 Redo 日志操作的原子性。Redo 日志被写完后，需要对其回放，即按照 Redo 日志将事务中的更新操作永久地作用到数据库中。如果在写完 Redo 日志后、回放 Redo 日志前系统发生了故障（如某些行所在的 Tablet 服务器宕机），则回放 Redo- 日志失败，此时事务操作仍可成功地返回客户端。这是因为后续的读操作在读取数据时需要先回放 Redo 日志，这样仍能保证读取到最新的数据。因此，当 Redo 日志被写完后，即可认为事务操作成功。

Spanner 系统基于 2PC 协议来实现分布式事务，在事务执行过程中可能会发生参与者、协调者的场地故障以及二者间的通信故障，对于这些故障的恢复策略与传统的 2PC 协议恢复策略相同，此处不再赘述。协调者和参与者的故障可能会导致严重的可用性问题。例如，在协调者场地，协调者在写 C/A 记录之后，写 Complete 记录之前出错。假定协调者仅通知完一个参与者就宕机了，更糟糕的是，被通知的这位参与者在接收完"上级指示"之后也宕机了。由于出错时协调者未将 C/A 命令发送给所有的参与者，这些未接到命令的参与者将处于等待状态。按照前文介绍的 2PC 协议对故障的恢复策略，若协调者在参与者发现超时前被恢复，则给所有参与者重发其决定的命令。若协调者在参与者发现超时时仍未被恢复，则参与者启动终结协议：超时的参与者（记为 P）通过请求其他参与者来帮助它做出决定，具体来说，就是通过访问其他参与者的当前状态来推断协调者的决定，从而确定终结类型。终结协议要求所有参与者终结某事务的类型要完全一致（或者都提交，或者都废弃），以保证事务的原子性。而那个已接收到命令的参与者宕机了，若此时 P 能访问到的所有参与者均处于"准备就绪"状态，则 P 将无法做出决定而保持阻断。

为此，Spanner 将 Paxos 协议与 2PC 协议相结合，以提高系统的可用性。Spanner 利用 Paxos 协议将协调者和参与者生成的日志信息复制到所有副本中。这样，无论是协调者宕机还是参与者宕机，都会有其他副本代替它们来完成 2PC 过程而不至于阻塞。

例如，假定在 Spanner 数据库系统中某分布式事务涉及数据 X、Y、Z，这些数据被存储在不同的 Shard 节点上。它们各有 3 个副本，形成 3 个 Paxos 组，分别记作（X1，X2，X3）、（Y1，Y2，Y3）和（Z1，Z2，Z3），每个组内部通过 Paxos 协议来保证副本的一致性。其中（X1，Y1，Z1）隶属于数据中心 1，（X2，Y2，Z2）隶属于数据中心 2，（X3，Y3，Z3）隶属于数据中心 3。假定 X1、Y2、Z3 分别为各自 Paxos 组的 Leader，Y2 为协调者，X1 和 Z3 为两个参与者。

针对不同阶段发生的宕机故障，Spanner 给出了一系列恢复策略，具体如下：

1. 决定阶段

假设客户端发送 P 命令后，X1 宕机了。此时 Y2 等待超时，Y2 给 Z3 发送撤销命令。对于 X1 的恢复过程，分两种情况讨论：①若 X1 在持久化 P 命令之前宕机了，则 X1 恢复后可自行回滚；②若 X1 持久化 P 命令之后宕机了，X1 自身通过回放日志可得知事务未决，将主动联系协调者 Y2。

假设客户端发送 P 命令后，协调者 Y2 宕机了。此时将通过选主协议从 Y2 的副本 Y1 和 Y3 中选出一个新的协调者，由新的协调者替代 Y2 继续执行 2PC 协议，以保证系统的可用性。

2. 执行阶段

假设协调者 Y2 给参与者 X1 和 Z3 发送 C 命令后，X1 成功提交了，而 Z3 宕机了。分两种情况讨论：①若 Z3 在持久化 C 命令之前宕机了，则 Y2 继续向 Z3 发送 C 命令；②若 Z73 在持久化 C 命令之后宕机了，Z3 恢复后自己进行提交。

第六章
分布式数据库的数据复制与一致性问题

数据的复制是分布式系统中的一个重要课题。数据的复制可以用来改善系统的可用性和性能。但反过来,怎样维持复制数据的一致却带来很多问题。严格地说,一个复制发生了更新后,我们需要保证其他所有的复制都能够得到相应的更新,否则就产生了数据的不一致。分布式架构为分布式系统带来的复杂的分布式一致性问题分为两类:一类是对一个议题达成共识,如多副本数据同步的数据存储一致性;二是因事件、消息发生顺序引发的和顺序有关的一致性问题。分布式系统和数据库管理系统结合,形成了分布式数据库系统。分布式数据库系统带来了分布式一致性与事务一致性的交叉问题,这类问题合称为分布式事务一致性。为满足应用需求,人们常用廉价硬件构建稳定系统,并先后出现了单主单备、单主多备、多主多备、分布式、去中心化分布式等不同架构,这些架构蕴含了不同的一致性需求。

第一节　数据复制与分布式数据库的复制策略

一、数据复制概述
(一)数据复制的分类与特点
1. 数据复制的分类

在数据管理领域,数据复制是一项至关重要的操作,其实时性可分为同步和异步两种模式。同步数据复制要求在复制完成前等待远程操作的完成,而异步数据复制则允许在后台进行同步操作而不需等待。这两种模式各自适用于不同的业务需求,根据实时性的要求可以做出灵活选择。

复制站点类型是数据复制过程中的另一个关键方面,包括多主控站点、物化视图站点和混合复制等。这种多样性的站点类型允许数据复制系统更好地适应不同的业务情况，提供更灵活、定制化的解决方案。多主控站点适用于需要多个主数据库进行数据复制的场景，物化视图站点则用于处理复制过程中的数据视图需求，而混合复制则结合了不同类型的站点，以满足更为复杂的业务需求。

另一个关键的数据复制考虑因素是复制节点关系，其可分为主从和对等两种类型。在主从结构中，节点之间存在固定的角色，主节点负责更新操作，而从节点则被动接收更新。这种结构简单易于维护数据一致性，但却降低了系统的自治性。相对而言，对等结构则更为灵活，允许双向更新，节点地位平等。然而，对等结构的高自治性也带来了一定的挑战，特别是需要解决修改冲突，管理代价相对较高。

主从结构和对等结构在数据复制中各有优劣，具体的选择应该根据业务需求和系统设计的目标来进行权衡。主从结构适用于对数据一致性要求较高、系统自治性要求较低的场景，而对等结构则更适用于需要灵活性和高度自治性的环境。在实际应用中，需要根据具体情况进行合理的选择，以达到最佳的数据复制效果。因此，数据管理者在设计和实施数据复制策略时，应该全面考虑同步异步模式、站点类型和节点关系等多方面的因素，以确保系统能够满足业务需求并在不同情况下保持高效稳定的运行。

2. 数据复制的特点

数据复制作为一种重要的数据库管理手段，具有多方面的特点和优势。一是数据复制可显著提升系统的安全性和可用性。通过在多个站点建立备份，实现容错保护机制，即便一个站点发生故障也不会影响整体操作和应用系统的运行。二是数据复制能够显著提高数据库性能。通过实现就近访问数据，减少网络传输负载，系统能够更高效地处理数据，从而提高整体性能。三是数据复制还能实现负载平衡。在复制系统中，多个站点之间可以实现负载平衡，避免某些站点负载过重，从而提高整体系统的稳定性和性能表现。

（二）**数据复制的动机**

"数据复制是分布式数据库用到的重要的和强大的技术，它将数据库中的数据拷贝到通过局域网、广域网或 Internet 网络连接的不同站点或同一服务器中的不同数据库中，并能够自动保持这些数据的同步，使得各个拷贝具有数据相同。"复制数据有两个主要的动机：可用性和性能。

1. 复制数据可以提高系统的可用性

例如，如果我们对一个文件系统进行了复制，当一个文件系统发生故障时，系统可以使用复制的文件系统继续工作。另一方面，多个复制数据也可以有效地应对数据遭到破坏的情况，使得系统具有一定的容错能力。例如，一个有三个副本的文件，在单个文件读写发生错误时，我们可以使用简单多数的机制来使用另外两个文件的正确的结果。

2. 复制数据可以提高系统的性能

当系统需要在用户数量和地理范围上进行扩展时，复制是支持这种系统扩展的关键技术。当用户数量增长时，单一服务器可能不能满足性能的要求，我们一般可以对服务器进行复制，然后将系统的负荷分配在多台服务器上；相对于地理范围的扩张，将数据复制到临近用户的位置可以减少网络资源的使用，改善系统的响应能力。

（三）数据复制引发的问题

1. 数据的不一致

遗憾的是，多个复制可能导致数据的不一致，维持数据的一致性是使用复制技术所需要付出的代价。只修改了其中一个副本，这个副本与其他的副本就不完全一样了。因此，一致性的要求是必须在所有的副本上进行同样的修改。什么时候和怎样修改是解决一致性问题的关键设计。为了更好地理解复制和一致性这一对矛盾，我们来分析一个具体的例子。在访问远程网站的一个网页时，因为通信延迟，用户有时需要等待数秒钟的时间才能看到整个网页。为了改善性能，网页浏览器一般会自动地缓存已经访问过的网页，这样，用户再次访问这些网页时，浏览器可以使用本地的缓存，迅速地响应用户，从而节省了带宽和远程服务器的计算开销。然而，如果在缓存期间，服务器上的网页发生了更新的话，用户将从缓存中得到一个已经过时的网页。

解决过时网页问题的一个办法是禁止浏览器缓存访问的网页，这时，网页只有在服务器的一个版本，不一致的情况不会出现，但用户的每次访问都会经过远程通信，性能将不会很理想。另一个方法是由服务器来负责更新所有浏览器上的所有缓存，当服务器上的页面发生更新时，服务器将更新后的页面版本发送给所有缓存了该页面的浏览器。这要求服务器为每一个网页维持一个缓存机器的列表，服务器的性能会因此受到很大的影响。

因此，作为改善性能的复制反过来又会带来附加的性能付出。通过将资源复制到离客户比较近的位置可以解决缩展性的问题，但同时维持这些复制的一致会产生新的缩展性和其他技术问题。

2. 其他问题

（1）带宽的浪费：假设进程 P 每秒钟访问本地复制 N 次，而复制的更新频率是每秒 M 次。假设复制能够被及时更新，当 $N \ll M$ 时，即访问更新比非常低时，很多更新并没有被实际访问到。因此，用来更新这个复制的很多带宽支出毫无意义。为了避免这样的带宽浪费，我们要么不进行复制，要么采用一些其他的更新策略。

（2）同步复制的难题：直观地看，一个一致的副本集合要求所有的副本总是完全相同的。关于一致性的另一种理解是，对集合中的任意一个副本的读的操作总是返回相同的结果。因此，当对一个副本进行更新后，所有后续的操作必须等到所有的副本完成这个更新以后才进行。这就是所谓的同步复制，它要求，不管是从哪个副本开始的更新，这个更新必须发布到所有的副本上，而且是一个原子操作。遗憾的是，同步复制在大规模分布环境下很难实际应用。

（3）并发访问的处理问题：对同一个副本的并发操作，需要按照一致的顺序应用在所有副本上。全序多播所依赖的通信条件在广域网上很难有效地提供。

在这些矛盾面前，唯一可行的办法是放松一致性的限制。

第一，从应用的观点分析，内在的完全的一致性并不总是必要的，而更重要的是系统的可观测的一致性。要达到可观测的一致性，副本只需要在被访问前得到更新就可以了。

第二，在另一些非关键的应用中，一些不一致的现象是可以容忍的。大量的网站信息被缓存在很多的服务器和用户机上，用户不能得到及时更新的信息这个问题实际上没有影响这些应用的主要设计目标。

二、分布式数据库的复制策略

通常，分布式数据库系统需要维护数据库的多个副本，保持数据库多个副本间的数据一致性是分布式数据库系统维护的重点。数据复制能够将数据副本建立在不同的节点上，是重要的分布式数据库应用技术，能够避免因为某一个节点失效而导致分布式数据库崩溃的情况出现。"在不同的数据副本上操作不同节点上的事务，进行单副本串行是保持数据库中不同数据副本间的一致性的重要方法。"

（一）数据复制的实现方法

数据复制的实现方法可以分为两种：一种是传递要复制的数据对象的内容，称为数据对象复制；另一种是传递在数据对象上执行的操作，称为事务复制。

1. 数据对象复制

数据对象复制是把某一时刻源数据对象的内容通过网络复制到各节点的副本上。因为复制的内容是某一时刻的数据对象的状态，所以又形象地称为快照。数据对象复制传输的是数据值，是将整个发布内容复制给订阅者。它的内容也可以是部分的行/列或者视图等。数据对象复制中往往需要复制较多的数据，因而对网络资源需求相对较高，不仅要求有较高的传输速度，而且要保证网络传输的可靠性。

2. 事务复制

事务复制是把修改源数据库的事务操作发送到副本节点。复制内容可以是修改的表项、事务或事务日志。副本接收到复制内容后，通过在本地数据库执行接收到的事务操作来实现与源数据或者处理过程的一致性。事务复制在网络中传送的是事务，把即将发生的变化传送给订阅者，是一种增量复制。在事务复制中，由于要不断监视源数据库的数据变化，因而主服务器的负担较重。当发布数据发生变化时，这种变化很快会传递给订阅者，而不像数据对象复制那样等待一个相对较长的时间间隔。某些数据库系统中的过程化复制，实质上是一种程序化了的事务复制。

（二）数据复制的流程

数据复制的流程是在源数据库获得复制对象的内容或变化情况，然后把它们从源数据库传送到目标数据库，并修改那里的副本。如果是对等复制，还需要检测副本之间是否有复制冲突并解决它们。

根据以上描述，把整个复制流程分为四个功能相对独立的处理步骤：变化捕获、数据分发、同步以及冲突的检测与解决。

1. 变化捕获

变化捕获是数据复制的重要环节，它直接决定了数据复制的更新方式和选时方式，对其他环节的影响也比较大，因此是本文研究的重点内容之一。变化捕获不仅要获得复制对象的变化序列，还要在对等复制时提供尽可能详细的控制信息。

通过分析目前常用的捕获方法，总结出 6 种基本的变化捕获方法，具体如下：

（1）基于快照法。快照是数据库中存储对象在某一时刻的即时映象，通过为复制对象定义一个快照或采用类似方法，可以将它的当前映象作为更新副本的内容。

基于快照法不需要依赖特别的机制，也不占用额外的系统资源，管理和操作也非常容易，而且在复制初始化和崩溃恢复时是必不可少的，但它不能用于同步复制和对等复制。

（2）基于触发器法。在源数据库为复制对象创建相应的触发器，当对复制对象进行修改、插入和删除等 DML（数据操纵语言）命令时，触发器被激活，将变化传播到目标数据库。基于触发器法对比较复杂的复制任务需要非常复杂的配置和实施，一定程度上造成管理上的不便。

（3）基于日志法。数据库事务日志作为维护数据完整性和数据库恢复的重要工具，其中包含了全部成功提交的数据库操作记录信息。基于日志法就是通过分析数据库事务日志来捕获复制对象的变化序列。

大多数数据库都有事务日志，利用它不仅方便，也不会占用太多额外的系统资源，该方法对任何类型的复制都适用。利用日志，复制对象的变化序列很容易在其他节点再现。这不仅能提高效率和保证数据的完整性，还能在对等复制时提供详细的控制信息。

（4）基于 API 法。一些小型数据库和非关系型数据库通常没有触发器和日志机制，另一些数据库则因为某些原因不能使用上述的捕获方法。此时可以在应用程序和数据库之间引入一类中间件，由它提供一系列 API（包括 ODBC 驱动程序），这些中间件在完成应用程序对数据库修改的同时，也把复制对象的变化序列记录下来，从而达到捕获的目的。

（5）基于时间戳法。基于时间戳的方法需要相关应用系统中的每个表都有一个时间戳字段，以记录每个表的修改时间。它主要根据数据记录的更新时间判断是否最新数据，据此对数据副本进行相应修改。这种方法虽然不影响原有应用的执行效率，但是需要对原有系统做较大的调整，而且不能捕获那些并非通过应用系统引起的操作数据的变化。

（6）影子表法。在初始时为复制对象表建立一个影子表，也就是做一份当时的拷贝，以后就可以在适当时机通过比较当前源表和影子表的内容来获取净变化信息。

2. 数据分发

分发，又称传播，是节点间数据发送和接收的关键过程。在这个网络体系中，分发器扮演着至关重要的角色，它负责将副本更新信息从源节点传输到目标节点。除了在同步复制时充当协调者，分发器在对等复制时也处理复制冲突，确保数据的一致性和完整性。

不同节点承担分发任务将导致不同的分发模型，从而直接影响复制的组织形式和效率。有两种主要的分发模型，分别是"推式"和"拉式"。在"推式"模型中，源节点主动将数据发送给目标节点，这一过程通常效率较高。相反，在"拉式"模型中，目标节点向源节点发起请求，这种方式易于调度但效率相对较低。

为了更好地平衡效率和调度的需求，存在一种"推拉结合"模型。在这个模型中，第三方节点承担了分发任务，起到协调的作用。这种模型在节点较多或者复制任务繁重的情况下表现更为出色，有效地解决了传统模型中的一些瓶颈问题。

微软的 SQL Server 是目前支持"推拉结合"模型的系统。这意味着用户可以根据具体的需求和系统规模来选择最适合的分发方式，确保数据的快速传输和一致性更新。通过引入这种灵活的分发模型，SQL Server 为用户提供了更好的性能和可调度性，使其成为处理大规模分布式数据的理想选择。因此，分发在数据传播中的重要性以及不同分发模型的存在使得复制系统更为灵活和高效。

3. 同步

同步是指根据更新的数据内容和冲突的仲裁结果来修改目标数据库，从而保证副本的一致性。通常情况下，同步紧接着分发环节执行，有时甚至被捆绑在一起，三种分发模型同样适用于同步；因此一些文献也把分发模型称为同步模型或预订模型。

更新数据内容可以是源节点上复制对象的完全拷贝、变化序列或净变化。目标数据库在按不同方式处理它们时，对主键的要求也不一样。

Create 方式：用更新内容创建一个新表。此时源表和目标表是否有主键，以及主键域是否等价都不是必要条件。

Insert 方式：将更新内容作为新记录插入已存在的表。有两种情况，在已经定义主键时，目标表的主键字段数一定多于源表；而在没有定义主键时目标表包含重复记录的现象就不可避免。

Replace 方式：修改已存在表的相关记录。只有在更新数据内容是完全拷贝的情况下，才可以不必定义主键，否则源表和目标表都必须有主键而且主键域必须等价。

Create 方式和 Insert 方式只能在异步主从式复制场合使用，而 Replace 方式没有这方面的限制。

4. 冲突的检测与解决

（1）冲突类型。冲突类型主要分为使用定时增量复制技术时可能引发的几种情况。第一，由于这项技术，主从数据库的增删改操作可能导致数据冲突。具体而言，数据添加冲突是在不同节点同时添加相同记录或主键值，引发混乱。第二，数据更新冲突可能在两次刷新内发生，同一记录在不同节点被更新为不同内容，使得数据不一致；第三，数据删除冲突则涉及在两次刷新内一个拷贝被删除、另一个被修改的情况，增加了数据操作的复杂性。

（2）冲突解决策略。针对这些冲突，有多种冲突解决策略可供选择。

第一，可以采用基于时间印机制的方法，通过在更改历史表中增加时间印属性，比较冲突行的时间印值，选择最晚的副本数据，以确保数据的时序一致性。

第二，基于优先级机制的策略可以通过给各节点分配优先级来解决冲突。在发现冲突时，系统可以选择优先级最高的节点的副本数据，确保数据的高优先级得到保留。

第三，为了更好地适应不同应用的需求，可以采用定制的冲突解决机制。这种方法允许根据具体应用需求选择合适的冲突解决策略，并利用系统工具建立符合特定业务规则的解决机制，提高系统的灵活性和适用性。

通过综合运用这些冲突解决策略，可以有效应对在使用定时增量复制技术时可能出现的各种数据操作冲突，确保系统的稳定性和可靠性。

第二节　分布式数据库系统的一致性问题分析

分布式事务型数据库系统用于实现分布式事务处理功能。分布式事务处理技术与单机事务处理技术的不同之处是，面向的数据库系统是否为分布式的，是否引入了分布式系统的一致性问题。这类一致性问题需要与事务一致性问题一起考虑。分布式事务的重点在于 ACID 特性。ACID，是指数据库管理系统（DBMS）在写入或更新资料的过程中，为保证事务是正确可靠的，所必须具备的四个特性：原子性（或称不可分割性）、一致性、隔离性（又称独立性）、持久性。

分布式事务的一致性是事务的一致性而非外部一致性，但需要考虑外部一致性的需求。外部一致性的需求表现在这几个方面：分布式系统受多节点分布、每份数据存在多个副本、各节点间存在时延、所有节点间存在分区等问题的影响。在一个分布式系统中，读、写操作对于外部的客户端而言，需要实现外部一致性以满足客户端操作的逻辑一致性。

一、常见的分布式一致性

（一）严格一致性

严格一致性是最强的一致性。在此类一致性下，任何处理器对变量的写入都需要所有处理器立即看到。这可以理解为存在一个全局时钟，在该时钟周期结束时，每个写操作都应反映在所有处理器缓存中，下一个操作只能在下一个时钟周期内发生。

这是一种理想的一致性，对于多个要读写同一个数据项的个体（此处假设为处理器）来说，一个个体修改了数据项则其他所有个体（这是并发的场景）在既定的时间内必须获知修改事件发生。而计算机的硬件体系结构中，一个时钟周期内处理器只能完成一个最基本的动作，一个时钟周期是一个最小的读写操作发生的时长，如果跨了两个时钟周期，则其他处理器（多处理器、多核体系结构）可能读到此数据项的不同值（写操作前、写操作后读到此数据项的不同的值），从而造成"不同个体读到不同的数据值"这样的不一致。

在上面的场景中，对比 Spanner 等分布式系统，会发现过程非常相似。Spanner 中的个体是用户，用户要读写数据；时钟周期是在时间轴上的不同时间段；时钟周期的长度对应着多节点间的网络时延。所以此处的一致性问题在本质上是对所有操作做全序排序的问题。

在分布式系统中，给每一个操作设定一个唯一的时间戳是很难做到的，因为有些操作可能发生在同一个时刻。不能严格区分两个操作的先后关系，也就不能实现严格的一致性。由于在分布式系统中，严格一致性模型是一个理想的但无法实现的模型。因此，在实际的应用中，我们需要放松对一致性的要求，实践证明一些弱的一致性模型能够解决大多数分布式应用的问题。

（二）顺序一致性

顺序一致性是一种比严格一致性更弱的一致性。在顺序一致性下，某一处理器对变量的写入，其他处理器不一定要立即看到，但是，不同处理器对变量的写入必须以相同的顺序被所有处理器看到。一个写操作的结果不能立刻被其他个体感知，但是对于其他个体来说，这个写操作的结果总是能确保被其他的个体以同样的顺序"知晓"，这样就确保了对同一个会话的结果的感知是一致的，即确保保持会话内的因果关系。

严格一致性强调的是写事件的结果应该被其他个体立刻知晓（似乎没有时延，但是分布式结构中没有不耗时的消息传递），而顺序一致性强调的是"会话写事件"发生后，需要避免多个观察者观察到不同的结果。因此，顺序一致性是指"会话内的写是有序的且会按该序被有序读到"，因而在顺序一致性下，其他多个观察者看到的结果是一致的。

如果一个数据仓是顺序一致的，那么数据仓必须满足下面的条件：

系统的任何执行的结果与所有进程的所有读写操作在某一个顺序下执行的结果相同，而在这个顺序中，同一进程内的读写操作与程序中设计的顺序一样。

这个定义意味着，当所有进程并发地 / 并行地运行在多台计算机上时，任何对数据仓的读写操作的交替都是合法的，但所有进程必须看到相同的操作交替，而同一进程的操作不能违反设计的顺序。有趣的是，这个定义既不涉及时间，也不涉及最后一次操作的概念。

虽然顺序一致性是一个较好的编程模型，但实现顺序一致性有难以克服的性能问题。任何对读出时间的改善都将不可避免地影响到写入时间，相反也是如此。为了改善性能，我们将讨论一些更弱的一致性模型。

（三）线性一致性

线性一致性（又称原子一致性）是在 1987 年提出的，关于线性一致性的描述是"can be defined as sequential consistency with the realtime constraint"（可以定义为具有实时约束的序列一致性）。这句话很重要，说明线性一致性在考虑了时间的特性后还能够保证顺序一致性，所以线性一致性比顺序一致性更为严格。

线性一致强调操作是原子的，在一个原子操作发生时数据项被修改，之后（带有时间语义）的读操作都能够获取最新的被写过的数据项的数据值。

在分布式系统中，线性一致性强调的是在涉及多个节点且有多个事件发生时，不管是从哪个节点（副本）执行读操作，都能读到按实时顺序被修改后的值。

（四）因果一致性

因果一致性（causal consistency）是顺序一致性的弱化，它将事件分为因果相关和非因果相关两类。它定义了只有因果相关的写操作才需要被所有进程以相同的顺序看到。

因果一致性的特别之处在于，需要保持相关的事件的逻辑顺序以便保证一致性。遵从会话内的因果一致性为顺序一致性。

在分布式环境内，一个典型的例子是：创建一个用户，然后用此用户登录系统。这两个动作前后带有逻辑关系。如果从一个节点先进行登录，而该节点不知道用户被创建这个事实，则登录必然因用户不存在而失败，但事实上确实用户已经在另外一个节点上创建完毕，只是在这个节点上暂时没有获取到这个用户存在的事实（数据）。

一个数据仓满足因果一致性的条件是：所有有潜在因果关系的写入操作对所有进程必须按照同一个顺序，而并发的写操作对不同的进程可以顺序不同。

在因果一致性中，并发的写操作可以有不同的顺序，但有因果关系的写操作对所有进程必须保持相同的顺序。进一步放宽后面的要求，就是所谓的 FIFO 一致性：同一个进程的写操作的顺序对所有进程都是相同的，并按照这些操作的顺序执行；不同进程的写操作对所有进程的顺序可以是不一样的。

FIFO 一致性的实现可以很简单，如果将每个操作用进程 id（顺序号）来标注，那么只要对每个进程的写操作按照顺序号执行就可以实现 FIFO 的一致性。

（五）可串行化一致性

如果事务调度的结果（例如生成的数据库状态）等于其串行执行的事务的结果，则事务调度是可串行化的，也就是其具有可串行化的一致性，或者说事务具有一致性。

可串行化一致性是数据库范围内的事务一致性，其和分布式环境、并发环境下的一致性不同，它们也不可简单放在一起比较。但是，事务一致性和分布式一致性可以高度融合，成为新的一致性体系，对于这种一致性的研究目前尚在推进中。注意，在分布式数据库中，事务一致性常和分布式环境中的一致性交叉，对此需要仔细甄别。

（六）强一致性

所谓强一致性是指所有访问被所有并行进程（或节点、处理器等）以相同顺序（顺序）看到。

从并发的角度看，强一致性会使所有参与者观察到的结果相同。这是通过线性一致性和顺序一致性来保证的。

强一致性，更多是从一个系统外部的角度看并发系统的数据是否处于一致的状态。所以对于一个分布式数据库系统而言，强一致性需要保证：系统既要满足事务的可串行化一致性，又要满足分布式系统的一致性（线性一致性或顺序一致性）。

（七）最终一致性

最终一致性是分布式计算中用于实现高可用性的一致性，它非正式地保证：如果对给定数据项没有新的更新，那么最终对该项的所有访问都将返回上次更新的值。

最终一致性服务通常被归类为提供 BASE（基本可用、软状态、最终一致性），即基本语义的服务，而不是提供传统的 ACID 保证。

强一致性与最终一致性都是从一个系统外部的角度看并发系统的数据是否处于一致的状态。但在最终一致性条件下，在某些时间点上，可能存在不一致，随着时间的推移，最终会达成一致。比如多副本之间要达成一致，先让半数以上达成一致，余者逐步达成一致。

二、确定网络一致性视图

对这一问题要从两个方面加以论述：一是网络状态监督，目的在于尽早发现场地状态迁移，并向所有的场地广播新状态信息。我们知道引用超时的概念可以判断一个场地是否关闭。然而，使用超时会导致不一致的网络视图。例如，现有含有三个场地的网络，假设场地 1 向场地 2 发出一请求应答报文。如果场地 1 在给定的时限内没有收到应答，则场地 1 便假定场地 2 关闭，如果场地 2 恰好为延缓（场地无故障，但因某种原因未能及时应答报文），则场地 1 对场地 2 便要产生一个错误的状态视图，就是说场地 1 对场地 2 的视图与场地本身的视图不相一致。进一步说，若场地 3 要在同一时间做与场地 1 相同的操作，并在给定的时限内获得应答，则场地 3 就会认为场地 2 是接通的。进而场地 1 和场地 3 对场地 2 也会产生不一致视图。

这里，假定我们已建立了一个具通用性的网络范围内的机制，并由该机制为所有的高级程序提供以下设施：

第一，在每个场地上都设置一个状态表，在状态表中要为每一个场地设立一个条目，每一条目的值既可为接通又可为关闭。任一程序可向状态表发出查询以便获得状态信息。

第二，任何程序都可以在任一场地上建立一个"瞭望"（watch），以便在场地改变状态时能够接收到一个中断。

下面给出网络分割故障下的状态表及一致性视图的定义：一个场地仅当它能与其他场地进行通信时方可认为它是接通的；因此，要将所有的毁损场地及网络分割时处于不同分群中的场地视作关闭场地。这时仅在同群场地间方可获得一致性视图；于是，在分割情况下，一致性视图的个数与孤立的分群个数恰好相等。

下面讨论网络状态监督问题。

为判定一个场地处在接通态还是处在关闭态，首先要由某一场地向另一些场地发出请求报文，然后等待应答。若在时限范围内得到应答，则说场地是接通的，否则认为场地是关闭的。这里称发出请求的场地为控制者场地，而将其他场地称为受控者场地。通常，监督算法并不是让控制者场地向受控者场地发出请求报文，而是让受控场地向控制场地周期性地发送 I—AM—UP 报文。这样做的目的是可少发一个报文，但要在控制者与受控者场地分别设立定时器。

值得注意的是，在仅考虑场地毁损的情况下，监督函数主要用来检查场地是否发生了从接通态到关闭态的迁移；至于逆向迁移可由执行恢复和冷启动的场地完成，并由恢复场地向所有其他场地发出通知。但若将网络分割同时考虑进去的话，监督函数还必须承担起确定场地从关闭态迁移到接通态的职能，即当网络分割得以修复后，同一群中的诸场地必须有能力检测到处于其他群中的可用场地。

在引用上述基本机制进行场地快态检测时，其所涉及的问题主要包括：①为每一场地分配控制者，从而使总的报文开销得以极小化；②使算法能够经受起控制者故障的考验，就是说，算法的正确性应不受控制者故障的影响。必须指出，上述要求的第二点尤为重要，这是因为在分布式方法中，每一场地既要受控于某一场地，同时又要控制某些其他场地。就是说，一个场地既要充当受控者同时又要充当控制者。

为解决这一问题，一种可行的途径是为每一场地指定一个控制其前趋者的监督函数，并将系统视作由各场地组成的虚环。在无场地故障时，每一场地均向它的后继场地发送 I—AM—UP 报文，并监督来自其前趋地的 I—AM—UP 报文能否及时到达。如果来自其前趋的 I—AM—UP 报文未能及时到达，则控制者便假定该受控场地已发生故障，然后更新状态以改变故障场地的状态记录，同时向所有其他场地广播已更新的状态表。

如果一个场地的前趋关闭了，则该场地就必须控制故障场地的前趋场地；若故障场地的前趋场地也关闭了，它就要控制故障场地的前趋之前趋场地。按此法沿着环序递推下去，直至找到一个接通场地为止，如果一个也没找到，则说明该场地是隔离的或者说明所有其他场地均已毁损。

三、不一致性的检测和消除

当网络分割故障发生时，如果我们要严格地保持数据库的一致性，则至多仅能在节点的一个小组内运行事务处理。然而，在某些应用中，为了获得较高的可用性，失去一致性也是可以接受的。在这类情况下，只要在分割的小组中有所需数据的一份副本，即允许在这些分割的小组中运行事务处理，此后在修复了网络分割故障后，可设法消除在数据库中所引入的不一致性。为此目的，首先必须发现数据的哪些部分变得不一致了，然后给这些部分赋一个新的值。该新值对所发生的变化来说应该是最合理的。第一问题叫作不一致性的检测，第二个问题叫作不一致性的消除。对不一致性检测问题可找到精确的解决方法，但对不一致性消除问题来说，目前尚没有一般的解决方法。这是因为在网络分割期间。是用非全局可串行化方法在节点的不同小组内执行事务处理的，因而在数据库中引入的不一致性的情况是相当复杂的。因而，在消除不一致性过程中，我们仅要求给数据的变化部分所赋的新的值应该是"合理的"，而不是"正确的"。

（一）不一致性的检测

让我们假定，在网络分割期间，已经在节点的两个或更多个小组中执行了事务处理，并且已经对同一段的不同副本进行了独立更新。在探讨检测不一致性的算法时，我们很自然地会想到采用比较法，即对副本的内容进行比较以检查它们是否相等。这种算法虽然简单，但不仅效率低，而且一般来说也是不正确的。例如。考察一个航空订票系统。如果在网络分割期间，我们允许把对同一航班预订的座位数独立地记录到不同的副本上，直到预订数达到最大时为止。在这种情况下，对预订数来说，虽然所有的副本可能有相同的值，但本次航班将肯定超员。

检测不一致性的一种正确方法是基于版本序号。对每一个项目，假设用一种方法来确定允许节点的哪一个小组对该数据项目进行操作。我们把存储在该小组的节点上的数据项目的副本叫作主副本，而把其他副本叫作孤立的副本。

在正常工作期间，所有副本都是主副本，并且是完全一致的。对每一份副本保存一个原始版本序号和一个现行版本序号。起始，把原始版本序号置成0，把现行版本序号置成1。仅当每次对副本进行更新时，方对现行版本序号增量。当网络分割故障发生时，把每一份孤立副本的原始版本序号置成它的现行版本号的值，因而，在对孤立副本进行任种"分割的更新"之前，该孤立副本的原始版本序号记录着其现行版本序号。在网络分割故障修复之前，原始版本序号保持不变。此时，对所有副本的现行版本序号与原始版本序号进行比较即可揭示出不一致性。

（二）不一致性的消除

在已经修复了网络分割故障和检测出一种不一致性之后，必须给同一数据项目的所有副本赋一个共同值。不一致性的消除问题就在于如何确定这个共同值。因为在不同的小组内，事务处理的执行不是互相同步（网络分割后，小组之间不能互相通信）的，所以似乎正确的做法是，把这些相同事务处理的某个可串行化执行所产生的结果指定为一个共同值赋给同一数据项目的所有副本。然而，除了得到这个新值的困难性之外，这也不是一种令人满意的解决方法，这是因为，我们既不能取消也不能简单地忽略已经执行的事务处理在系统的外部所产生的影响。

注意，对系统的可用性要求很高的、推动接受不一致性的事务处理恰恰是那些对系统的外部产生影响的事务处理。例如，还以前面讨论的航空订票系统为例进行讨论。在网络分割故障对系统划分期间，运行事务处理的目的是告诉顾客本次航班有效，这显然是为了提高系统的可用性而不惜冒着超员的风险。否则，只要收集顾客的请求，在网络分割故障修复之后，再把这些请求施加到数据库上，这样做可能更简单一些，也不会产生超员风险，但这损失了系统的可用性，不能及时向顾客报告本次航班是否有效。

然而，如果在网络分割期间产生了超员，则迫使系统进入一个可串行化的执行，这样将迫使系统执行任意的取消。从应用角度来看，保持超员并使普通用户取消来减少预定数可能更好些。减少或消除由于网络分割所产生的超员的一种可能方法是，给每个节点指定一个比总数较小的预定数。这个数可以和一个小组的大小成比例，或与其他某个应用有关的值成比例。

上面的例子说明，一般来说不一致性的消除是和应用密切相关的。

第三节　分布式大数据库的一致性协议与管理

一、分布式数据库的一致性和复制管理问题

虽然数据复制提供了快速响应和对错误的恢复，但是它带来了一致性和复制管理的新问题。系统必须确保对复制数据的操作的并发执行等于对非复制数据的正确执行。这个特性又称为单一拷贝可串行性条件。复制控制算法保证单一拷贝可串行性。基本上复制控制也是一致性控制。它保证一个对象的不同拷贝是相互一致的，这样用户就能得到对象的同样的视图。一个节点错误可以是故障 - 停止类型，也可以是拜占庭类型。一个通信错误可能导致网络分割。下面讨论三种方法：主站点、活动复制、分割网络的方法。

（一）主站点方法

我们假设系统中只有节点错误，并且通信是可靠的。目标是要保证完成对每个数据对象的操作，即使系统中达到 k 个节点错误。为了实现目标，数据至少复制到系统中 $k+1$ 个节点上。一个节点被指定是主站点，其他是备份的。所有请求直接发送到主站点。

1. 读请求

主站点只是简单地读取并返回结果。没有备份站点参与。如果主站点失败，经选举过程在备份站点中产生一个新的主站点。可能会有多个备份站点被选出来维护至少 $k+1$ 个复制。一旦选出一个新的主站点，继续同样的过程。如果几个备份站点失败但是主站点成功，就不需要改变。主站简单地选中更多备份站点以防备可能的失败。

2. 写请求

当主站点完成更新前收到一个写请求，它就向至少 k 个备份站点发送更新请求。这是为了保证主站点失败后，在它的备份中至少还有 k 个其他拷贝。一旦所有备份站点已经收到请求，主站点完成操作再送回结果。如果多个站点（主站点或者备份站点）失败，就要使用同样的恢复过程。

（二）活动复制

在活动复制方法中，所有复制同时是活动的。不同于主站点方法中向一个目标节点例如主节点发送请求，这里请求被发送（广播）给所有复制。重要的是一致性和顺序必须满足。一致性要求所有非失败的复制收到每一个请求，并且每个

非失败的复制按照同一顺序处理请求。

在每个特殊时刻维护相互一致性是不可能做到的。可以要求完成一个弱一些的相互一致性要求：每个复制经历同样顺序的修改操作，同时，如果没有新操作时它们的值应该相等。

（三）网络划分的乐观方法：版本号向量

在可分割网络中，节点组可能会成为独立的。这样组中的节点能够彼此之间进行通信，但是不能和组以外的节点通信。乐观方法对事务没有限制。如果网络分割发生，就希望不发生冲突。当不连通子网连接时，比较子网间同一数据对象拷贝的一致性，来做相互不一致性检测。一个普通的方法是逐个元素比较各个拷贝。这种方法的问题是代价。在不同拷贝中检测不一致性可以通过比较各个拷贝的历史来完成，拷贝的历史就是一个更新的序列。万一不一致情况发生，如果存在一个历史包含了其他所有历史，那么它就被作为最新拷贝，并且广播到其他节点上。如果历史 H' 为 H 的子序列，那么说历史 H 包含历史 H'。这个方法的性能取决于历史的长度和数据对象尺寸之比。

在有的操作系统中则使用了另一种方法，版本号向量。这种方法中，每个文件带有一个大小为 n 的向量，$V = (v_1, v_2, \cdots, v_n)$，$n$ 是存储文件的节点的数目。其中 v_i 是在节点 i 的版本号（更新的次数）。如果网络是完全连接的，则每次更新对文件的每个拷贝都操作，每个版本号都是相同的。但是，如果分割发生，向量可能不同。

一个向量 V（文件的一个拷贝）支配另一个向量 V'，如果对所有 i，$v_i \leqslant v_i'$。也就是，V' 记录的更新是 V 的一个子集。如果两个向量没有一个能够支配另一个，就表示发生冲突。注意，一个子网中的一个文件的各个拷贝的版本号应该相同。因此，支配操作在不同的子网中比较历史，而不像在包含操作中那样，在不同的拷贝中比较历史。

一个新节点创建时维护相互一致性也十分重要。新节点的数据对象必须是最新拷贝，但只在需要时才把数据对象发向新节点。有学者提出了一个简单算法，如下：

第一，在新节点 S 建立一个一致性算法的拷贝。

第二，对所有其他节点通知 S 的存在，使其他节点广播修改消息时把 S 作为一个目的节点。

第三，只有当一个数据对象被一个其他节点修改时，该数据对象允许被读。

上面的方法中，每次更新在节点 S 上增加数据对象的最新拷贝。第 3 个条件表明除非其他节点作了更新，否则不允许读。节点 S 不会有数据对象的拷贝，直到一个其他节点进行了更新并且通过广播把修改消息发布到包括 S 在内的所有节点。

（四）网络分割的悲观方法：动态选举

网络分割发生时，很可能没有节点能够取得读写的法定票数。换句话说，系统完全不可用。在基于多数的动态选举中，最新版本由投票多数决定，其中属于多数的节点允许访问随着系统的状态变化而改变的复制数据。显然，动态选举方法也允许不属于多数的节点执行操作，只要它们包含了大多数最新的更新。为保持一致性，必须确保没有其他组能执行任何操作，这些组不包括具有最新版本的节点。更进一步，除了最近更新的节点，没有一组节点能构成版本多数；否则，这样一个非多数的组可能认为它获得了多数。加入组的节点会要求和最新版本同步并更新状态。当且仅当属于多数组时，一个节点能够更新状态。

为了实现上述动态选举算法，每个拷贝都有一对数值（版本号，势），版本号 k 表示了更新的号码，参与了第 k 次更新的节点的数目是势。考虑一个 5 个节点的网络，假设它完成了第 6 次更新：

{A：（6，5），B：（6，5），C：（6，5），D：（6，5），E：（6，5）}

网络被分割成 {A，B，C} 和 {D，E}。{A，B，C} 子网完成了两次更新，然后又分割成 {A，D} 和 {B，C，E}：

{A：（8，3），D：（6，5）}，{B：（8，3），C：（8，3），E：（6，5）}

显然，子网 {B，C，E} 构成了最新版本多数（版本 8），因此，继续更新是可能的。节点 E 也可以伴随更新，但 D 不可以。注意一个伴随更新被认为是一个新的更新，即使并没有真正地对最新版本做改变。结果是，每个节点的版本号和势（包括最新版本）被更新了。子网 {B，C，E} 执行了伴随更新（生成版本 9），然后，A 加入子网，子网再次执行伴随更新：

{D：（6，5）}，{A：（10，4），B：（10，4），C：（10，4），E：（10，4）}

上面的例子中，如果子网 {A，B，C，E} 被分割成三个子网 {A：（10，4）}、{B：（10，4），C：（10，4）} 和 {E：（10、4）}，没有分割构成最新版本多数。这个问题可以通过动态选举重分配来解决，基本的思想是增加多数分割中的节点的票数（权利）。

当一个不复制的数据库被分割时，有两个主要问题。

其一，在分割期间，访问多于一个子网的数据的事务不能运行。

其二，在提交协议（比如后面讨论的两阶段提交协议）运行期间发生的分割，可能导致某些节点提交但是其他节点取消了这个事务。

一个解决方法是应用提交和取消法定票数。例如，一个 4 个节点系统中，提交法定票数是 3，取消法定票数是 2。也就是，一个事务如果 3 个节点已经就绪就可以提交，如果 2 个节点没有就绪就可以取消。许多提交取消法定票数可以用类似于读写法定票数的投票分配方法来实现。提交法定票数必须大于取消法定票数。

另一个方法利用补偿事务（compensating transactions）。例如，考虑一个事务，从账户 A 向账户 B 转移资金。假设事务在 A 提交但是在 B 被取消。A 在失败后运行一个补偿事务可以检查 A 的日志记录，确定问题，把钱存回账户 A。

二、分布式大数据库的一致性协议

一致性协议描述了一致性模型的实现方法。本节介绍在大数据库中使用的一种重要的一致性协议和技术：Paxos 协议。该协议也可用于普通的分布式数据库系统中。

Paxos 协议是用于保证数据副本一致性的协议，也是目前互联网公司使用得最多的副本一致性协议。需要说明的是，由于 Paxos 协议极为复杂，我们并没有直接使用该协议，而是参考 Paxos 协议的特点，实现了简单有效的副本一致性方案来保障数据的高可靠与组件的高可靠。

在分布式数据库系统中，如果各节点数据的初始值相同，每次操作都更新成相同的值，那么最后各个节点数据的值一定相同。

但在实际环境中，我们不能保证每次发给 DB 的操作每个 DB 都能收到，任何网络或服务器故障都会导致最后的数据出现不一致，随着时间的累积，最后系统数据就完全不一致了。

Paxos 协议是莱斯利·兰伯特（Leslie Lamport）于 1990 年提出的关于分布式系统如何在不可靠网络环境下就某个值达成一致的方法，以希腊 Paxos 岛上使用的虚构的立法协商制度命名。为了描述这个协议要解决的问题，作者讲了一个故事作为背景：在古希腊有一个小岛叫作 Paxos，岛上采用会议投票的方式来表决立法，但是参会的议员都是兼职的，他们只能不定时地提交提议，不定时地了解投票进展，Paxos 协议的目标就是让所有议员按照少数服从多数的方式，最终达成一致的意见。

（一）Paxos 协议的术语和角色

1. 术语

预案：提议者在提议阶段提出的方案。每个预案都有一个编号 N，每个预案的内容用 V 表示。

议案：提议者在决议阶段提出的方案。

决议：审批者审批通过的议案内容（V 值）。

2. 角色

提议者：提出议案的角色。

审批者：接收议案并决定是否批准的角色。

学习者：不参与议案的提议和审批，仅读取最终决议的角色。

法定集合：指集合的一个子集，子集的元素数量超过原集合元素数量的一半。从定义可以推论，在任何两个法定集合中肯定有相同的元素。

（二）Paxos 协议的算法

Paxos 协议分为提议和决议两个阶段，分别描述如下。

1. 提议阶段

（1）每个提议者提出一个编号为 N 的预案，并为预案填写内容 V，发给所有审批者。

（2）每个审批者只保存一份预案。在有新预案到达时，审批者会将新预案的编号和自己保存的预案编号进行比较。如果新预案的编号比自己保存的预案编号大或者自己没有保存任何预案，则接受并保存新的预案，并告诉提议者"我接受你的预案"，并承诺不会再接收编号比这个小的预案；如果新预案的编号比自己保存的预案编号小，就直接拒绝。

2. 决议阶段

（1）如果提议者收到法定集合的答复，它就会把自己的议案改成自己所收到的答复中编号最大的那个预案，再发给所有审批者。

（2）如果审批者收的议案编号不小于自己保存的预案编号，就审批通过该议案；如果已经通过了某个议案，就不再接受任何预案和议案。虽然不接受，但是如果预案的编号比通过的议案编号大，审批者仍然会告诉提议者"我不接受你的预案，但是我告诉你我接受的最大的预案编号"。

（三）Paxos 协议的应用举例

为了更深刻地理解 Paxos 协议，我们举一个简单的例子，包含 2 个提议者和 3 个审批者。决议过程如下：

第一步，提议者 1 向 3 个审批者发送了预案（编号 1）。

第二步，因为目前没有收到任何提议，于是 3 个审批者都接受并保存了提议者 1 的预案。

第三步，提议者 1 收到了法定集合的答复（只需要 2 个就是法定集合），决定提出议案。

第四步，提议者 1 先把议案发给审批者 1，审批者 1 发现议案的编号不小于自己的预案，于是审批通过。

第五步，在提议者 1 向审批者 2 和审批者 3 发送议案前，提议者 2 向审批者 1 和审批者 2 发送了预案（编号 2）。

第六步，由于审批者 1 已经审批通过了议案 1，于是不保存预案 2，但是答复提议者 2 "我不接受你的预案，但是我告诉你我接受的最大的预案编号是 1"；而审批者 2 尚且没有审批通过任何议案，由于预案 2 的编号比预案 1 的编号大，于是接受并保存预案 2，并答复 "我接受你的预案，并承诺不接受比你小的预案"。

第七步，这时提议者 1 可能察觉有危险，赶紧把议案发给审批者 2 和审批者 3，审批者 2 发现议案的编号比自己保存的预案编号小，拒绝了议案 1。审批者 3 审批通过了议案 1。

第八步，提议者 1 已经收到法定集合的答复，确定议案 1 已经通过。

第九步，此时，提议者 2 向审批者 3 发送预案 2，但是仍然被拒绝，并获悉接受的最大预案号是 1；由于法定集合的答复都是预案 1，在议案阶段提议者 2 会把自己的议案改成预案 1。

第十步，提议者 2 把修改后的议案（预案 1 的内容）发送给所有的审批者，审批通过。

在第五步，如果提议者 2 不是向审批者 1 和审批者 2 发送预案，而是向审批者 2 和审批者 3 发送预案，那么提议者 1 的议案将会被拒绝，以此类推，将会陷入死循环。但考虑到在实际情况中，提议者 1 会同时向所有审批者发送议案，很难发生这种情况，就算发生一次，多提议几轮就能很快达成一致。

这是一个简单的例子，如果涉及更多的提议者和审批者，推算过程也很类似，只是步骤更多、流程更复杂而已。

第七章

分布式数据库的并发控制原理与技术分析

数据库是一种共享资源，可以同时为多个用户提供服务。在所熟悉的银行系统中，多个用户可以同时对同一个数据库实施存取操作。在逻辑上每个用户对数据库执行的操作都是独立的，因此多用户对数据库的使用不会发生错误。支持多个用户同时对同一个数据库执行读写操作而不发生错误的是并发控制技术。并发控制问题是计算机领域中的一个主要问题，它出现在操作系统、集中式数据库管理系统以及分布式数据库管理系统中。可串行性理论是证明并发控制程序正确与否的数学工具。在该理论中用历程（history）或调度（schedule）表示多个事务的并发执行。如果一个历程代表了可串行化的执行，则称该历程是可串行化的。为了从理论上深入地讨论并发控制问题，本章详细地介绍了串行化理论，讨论了分布式数据库并发控制的算法以及死锁检测和预防等问题。

第一节　并发控制的基本原理——可串行化理论

数据库是一个可以供多个用户共享的信息资源。各个用户程序如果一个一个地串行执行，即每个时刻只有一个用户程序运行，执行数据库的存取操作，而其他用户闲置等待，这样导致了许多系统资源在大部分时间内处于闲置状态。为了充分利用资源，应该允许各个用户并行地存取数据。这样就会产生多个用户程序并发存取同一个数据的情况，若不加以控制则会导致存取不正确的数据，进而破坏数据的完整性。并发控制就是解决这类问题，以保持数据库中数据的一致性，即在任何一个时刻数据库都将以相同的形式给用户提供数据。"DBMS 中并发控制的任务是确保在多个事务同时存取数据库中同一数据时不破坏事务的隔离性和统一性以及数据库的统一性。"

一、并发控制的概念

当多个用户并发地存取数据库时，就会产生多个事务同时存取同一个数据的情况。如果不对并发操作加以控制，就会使存取数据出错，破坏数据库的一致性。因此，数据库管理系统必须提供并发控制机制。并发控制机制已经成为衡量数据库管理系统性能的一个重要标志。

（一）并发控制的意义

并发是指多用户在同一时间可以对相同数据同时进行访问。一般的关系型数据库都具有并发控制的能力，但是这种并发功能也会对数据的一致性带来危险。并发是伴随着人们无限渴望充分利用计算机系统资源的愿望而产生的。

在数据库系统中，事务可以一个接着一个地串行执行，也就是每个时刻，在整个数据库系统中只有一个事务在执行，其他事务必须在该事务结束后才能执行。假如每个事务都是迅速执行的，在执行过程中不需要其他资源，那么这种执行方式对于单 CPU 系统来说是可行的。但是，在实际的数据库系统中，事务在执行过程中，不可避免地要对数据库进行读写操作。如果此时事务还是串行执行，那么许多系统资源将得不到充分利用。为了充分利用资源，发挥数据库数据共享的特性，事务就要并行执行，即当一个事务在进行读写操作时，允许其他事务占用暂时闲置的资源。并发控制已经成为数据库事务管理的基本任务之一。

单处理器系统中，事务并行执行的实质是在一定的算法支持下，不同的各个事务交叉占用处理器的运行时间。虽然在单处理器系统中，并行事务并没有真正地并行执行，但是它使得系统资源得到了最充分的利用，减少了处理器的闲置时间，提高了整个系统的效率。

多处理器系统中，在处理器调度算法的支持下，并行事务才可以真正地并行执行，且多个处理器可以同时运行多个事务。找到合适的方法或技术对于协调多个事务在同一时间对数据库的并发操作，保证数据库数据的正确性具有重要意义。传统上，我们认为一个事务包括了对一张或多张表的修改，而随着分布式数据库和数据仓库的发展，事务可能包括了对一个或多个数据库的修改。

（二）并发控制的必要性

由于事务的并发执行，那么几个不同的事务就有可能在同一时刻对同一数据进行读写操作，这样不可避免地将产生一系列问题。

假设在一段时间内，系统有如下一些活动序列：

第一，在 A 飞机售票点，订票系统终端显示某航班机票余额为 $A=17$。

第二，在 B 飞机售票点，订票系统终端显示同一航班机票余额为 $A=17$。

第三，客户甲在 A 售票点买了一张机票，售票结束后，修改航班机票余额 $A=A-1$，得 $A=16$，并且把更新后的结果写回数据库。

第四，客户乙在 B 售票点买了一张机票，售票结束后，修改航班机票余额 $A=A-1$，得 $A=16$，并且把更新后的结果写回到数据库。

第五，售票点 A 和售票点 B 读取航班的机票余额 $A=16$。

当两张飞机票成功售出后，再次读取航班机票余额，余额是 16 而不是 15，这是为什么？这说明在执行了两次售票操作后，数据库的数据出现了不一致。下面来分析一下产生数据不一致的原因是什么。

两个售票事务是并发执行的，同时两个事务中的操作执行又是随机的。因此可以看出，产生上面问题的原因是并发事务没有得到正确调度执行。如果对几个并发事务不进行并发控制，它们就会产生如下三个问题：

第一，丢失更新。两个事务 T_1 和 T_2 读入同一数据并进行修改，T_1 修改后先提交，T_2 提交时覆盖了 T_1 提交的结果，导致 T_1 的修改丢失。

第二，不可重复读。不可重复读是指在事务 T_1 读取数据后，事务 T_2 对 T_1 读取结果集中的某些数据进行了更新，T_1 再次读取数据时，结果已经变了，无法重现上次读取的结果。如果 T_1 第二次查询结果记录数也不同，则称为幻读。

第三，读"脏"数据。事务 T_1 修改某一数据，并记下日志，事务 T_2 读取同一数据后，T_1 由于某种原因被撤销，T_1 已修改过的数据恢复原值，T_2 读到了不存在的数据，则称 T_2 读到的数据是"脏"数据。

二、事务可串行化理论

分布式数据库管理系统的并发控制是为了保证多用户分布环境下的数据库一致性。如果事务内部一致（即不损害任何一致性约束），最简单的方法是让每一个事务单独执行，一个接着一个，互不干扰。当然，这只是理论上合理，实施起来无意义，因为这么做会把系统的吞吐量弄得很小，这不是我们所期待的。并发程度（并发事务的个数）是分布式数据库系统性能好坏的重要参数之一。因此，数据库系统的并发控制机制力图找出一个折中，使得既能保持数据库的一致性，又能维持高度的并发性。

现在我们假设整个分布式系统是完全可靠的，既没有任何软件故障，又没有硬件故障。尽管这是不现实的，但是可以简化我们的讨论。

可串行化是大家广泛认同的能保证并发控制算法正确性的依据。可串行化是涉及并发控制的一个重要理论。为了说明这个理论，我们需要先给出一些定义。

（一）调度与可串行调度

调度（schedule）是指一个调度 S［也称分史（history）］定义在一个事务集合 T 上，$T=\{T_1, T_2, \cdots, T_n\}$，它可以指定这些事务的执行序。

对于任意一对操作 $a_j(x)$ 和 $a_{kj}(x)$（i 和 k 是事务标识，不必一样，即这两个操作可以属于不同的事务），它们存取同一个数据库的数据项 x，如果它们中间有一个是写（write）操作，则它们是冲突（conflict）的。这样可以将这两个操作简单标为"读"和"写"，从而归结成两类冲突：读–写（read–write）（或写–读（write–read））冲突和写–写（write–write）冲突。其实，这两个操作可能来自同一个事务，也可能来自不同的事务。如果来自不同的事务，则这两个事务是冲突的。

当多个事务并发执行时，事务的执行顺序存在多种可能，每种可能的执行顺序都是一个调度，如果某种调度下事务执行的结果和事务按照希望的顺序串行执行的结果一致，则称该调度是可串行化的。

串行调度总是可以保证数据库的一致性，但是在串行调度时，系统的运行效率较低。为了提高运行效率，需要寻求一种并发执行，且与串行调度等价的调度来提高系统执行效率。

下面先来定义一个完整调度（complete schedule），该调度定义了该域里所有操作之间的执行序。

定义 7.1　一个完整调度的前缀是指由该域的事务子集构成的偏序，令 POT 为事务子集上的完整调度，则 $T=(T_1, T_2, \cdots, T_n)$ 构成一个偏序 $POT=\{\Sigma_T, \succ_T\}$，其中：

条件 1：$\Sigma_T = \bigcup\limits_{i}^{n} \Sigma_i$。

条件 2：$\succ_T = \bigcup\limits_{i=1}^{n} \succ \Sigma_i$。

条件 3：对于任意两个冲突操作而言，$a_{ij}, a_{ki} \in \Sigma_T$，$a_{ij} \succ_T a_{ki}$，或者 $a_{ki} \succ_T a_{ij}$。

条件 1 表示调度涉及的域是一个由各个事务构成的集合。条件 2 定义了一个序，它是各个事务序集合的超集。条件 3 强调任意一对冲突操作间必须有一个序。

（二）可串行化

串行调度能保证事务的一致性，但是系统的效率低。有更有效的办法吗？下面我们讨论可串行化的问题。

定义 7.2　在一个调度 S 中，若各个事务的操作执行时不叠加（即操作一个接着一个发生），则这个调度是串行的。

两个调度 S_1 和 S_2 定义在相同的事务集上，如果它们对数据库产生相同的效果，则称为是等价的。更形式化地说，如果 S_1 和 S_2 定义在相同的事务集上，对它们中任意一对冲突操作 a_{ij} 和 $a_{ki}(i \neq k)$ 来说，如果 $a_{ij} \succ_{S_1} a_{ki}$，则 $a_{ij} \succ_{S_2} a_{ki}$，反之亦然，我们称之为冲突等价（conflict equivalence）。两个满足冲突等价的调度是等价的。

两个调度的等价条件可以定义如下：

条件 1，在两个调度中，每个读操作读到的是相同写操作产生的数据。

条件 2，且两个调度中对每个修改数据项的最后一个写操作相同。

定义 7.3 一个调度 S_o 是可串行的，当且仅当 S_o 冲突等价于一个串行调度，这种可串行化通常称为冲突等价可串行化。

并发控制器的基本功能是产生一个要执行事务的可串行化调度。

可串行化理论可以简单地用于无副本的分布式数据库中。我们把每个节点上事务执行的调度称为本地调度，整个分布式数据库上的调度称为全局调度。此时，如果一个全局调度的每个本地调度是可串行的，且每个本地串行调度序是相同的，则这个全局调度是可串行的。在有副本的分布式数据库系统中，可串行化理论的要求更复杂些。

第二节　分布式数据库并发控制的算法与死锁管理

一、分布式数据库并发控制的算法

并发控制的分类方式有很多，一种比较常见的方式是将其分为悲观方法和乐观方法。悲观方法会假设很多事务都互相冲突，而乐观方法则假设没有太多的事务冲突。其中悲观方法又分为基于加锁、基于时间戳、多版本等多种方法。

（一）基于加锁的并发控制算法

锁是一种事务并发控制的基本机制。在分布事务中，若用锁来控制事务的并发，则每个服务器都要对所存的数据项提供锁管理机制，本地的锁管理机制可以决定是否接受事务的请求操作。本地数据项一旦由某事务上锁，必须等到该事务提交或中止后，方能开锁，数据项在事务提交之前一直保持锁定状态。

当各服务器独立上锁时，很可能使事务出现不同的次序。有些次序可能导致循环依赖关系，进而形成死锁。分布事务的死锁可以利用客户机通过超时检测来解决，当客户机检测到死锁时，便中止相应事务，协调服务器在得到中止消息后，可以中止所有工作服务器上的事务。

在嵌套事务中，父事务不允许与其子事务并发执行，目的是避免不同层次之间的潜在冲突。子事务可以继承前辈事务的锁，一个子事务若要申请读数据项，所有对该数据项加写锁的事务必须是其前辈事务；同样，当一个子事务申请写数据项时，所有给该数据项加读锁或写锁的事务必须是其前辈事务。当一个子事务提交时，其锁为其父事务持有，当嵌套事务中止时，其锁打开。

基于加锁的并发控制的基本思想为：如果多个并发的事务会更新同一个数据项，那么每个事务在访问之前必须先获得该数据项的锁，以保证数据项每次只会被一个事务访问。在当前事务的锁释放前，其他事务无法加锁成功，从而也就无法访问数据。事务访问完成后，释放锁资源，其他事务可以继续访问该数据项。

在简单的场景中，每个事务都只需要对一个资源加锁，如果每个事务需要访问多个资源，处理就会变得相对复杂。一个最简单的办法是让事务 A 先对所有资源加锁，修改数据提交后，再让事务 B 进行访问。这种调度可以保证数据的一致性，但事务的执行变成了串行执行，效率较低，我们需要一种并发的、效率更高的调度方法。经过不断地研究，人们提出了两阶段封锁协议。

两阶段封锁协议规定如下：

第一，在对任何对象进行读写操作前，事务首先需要获得该资源对象的锁，在释放锁后该事务不能够对该对象进行任何操作。

第二，一个事务一旦释放一个锁，它就不能再获得其他锁。

两阶段封锁分为扩张阶段和收缩阶段。

第一，扩张阶段。在该阶段，事务可以申请获得资源上的任意类型锁，但不能释放锁。

第二，收缩阶段。在该阶段，事务可以释放任何数据项上的任何锁，但不能获得锁。

可以从数学理论上证明，当一个系统内所有的并行事务都遵循两阶段封锁的规则时，该系统内的并行事务是可以串行化的。当采用两阶段封锁协议时，事务 A 一旦开始释放锁，事务 B 就可以开始加锁，而无须等待事务 A 提交，可以提升事务处理并发度，从而提高执行效率。需要说明的是，遵守两阶段封锁协议是系统并发事务可串行化的充分条件而非必要条件，实际可能存在更好的调度方法。

（二）基于时间戳的并发控制算法

利用时间戳处理并发控制，就是每个事务都设一个事务记录，其中存放事务的状态标志、时限值。该记录由启动事务的服务器创建和保存。引发该事务的客户机可以通过文件服务调用中的参数获得该事务记录的指针。每个文件页都包含一个服从时间顺序的版本序列。TWrite 操作建立一个具有时间戳和事务记录指针（含服务器标识和事务标识）的临时版本，然后将其插入到版本序列中的适当位置。

由于每一页都有指向事务记录的指针，所以可以说每一页都具有提交、中止和临时三种状态，同时，每一页都记录最近读取该页事务的时间戳，事务的时间戳靠伪时间戳产生器生成。该产生器产生的时间戳使每个事务占一段时间间隔，这些间隔互不重叠，事务中每个操作的时间戳在这段时间间隔内递增。每当打开事务时，就生成一个伪时间戳产生器。这个产生器在事务的整个生存期间一直存在，产生器结合使用时钟时间和服务器标识生成时间戳，从而保证其时间戳的唯一性。时间戳的高位是产生器的生成时间，低位是产生器的内部时钟，其中低位可用于事务内部操作的排序。

使用时间戳法进行分布式并发控制的原理是：事务的每个动作都有一个全局唯一时间戳，对事务的并发操作就可以按照时间戳顺序串行执行。假定存在 n 个并发事务 T_1，T_2，…，T_n，事务之间没有冲突，这些事务可以并发执行。如果事务 T_i 和 T_k 的两个操作 Q_{ij} 与 Q_{kl} 存在冲突，那么当且仅当 ts（T_i）< ts（T_k）时，Q_{ij} 在 Q_{kl} 之前执行。如果两个或多个事务发生冲突，无法通过时间戳来判断先后顺序，则通过撤销并启动一个新的事务来规避，新的事务启动后将分配一个新的时间戳，与之前的事务就不会发生冲突了。

将上述过程详细描述如下：

第一，每个事务在本站点开始时赋予一个全局唯一时间戳。

第二，事务的每个读操作或写操作都具有该事务的时间戳。

第三，对于数据库中的每个数据项 x，记录对其进行读操作和写操作的最大时间戳，分别记为 RTime（x）和 WTime（x）。

第四，如果事务重新启动，则被赋予新的时间戳。

采用时间戳法的最大优点就是确保了所有有冲突的操作在所有节点上都是按时间戳顺序执行的，因此也可以保证是正确的。由于没有了锁的操作，因此不会再有死锁的问题，任何一个事务都不会阻塞，如果某事务不能执行就重新启动，而不是等待。时间戳法不能够规避事务冲突问题，而且由于该方法规避冲突的办法是重新启动事务，因此其所造成的结果是事务重新启动过多。

（三）基于提交排序的并发控制算法

CO（Commitment Ordering，提交排序）算法是一种主流的并发访问控制技术。CO 算法能确保分布式写事务实现全局可串行化，即在多个独立自治的 RM（Resource Manager，资源管理器）上并发地以分布式方式写事务时保持高效的全局可串行化。

局部 CO 算法（单节点上的 CO 算法）可保证在多个独立自治的 RM 间实现全局可串行化。每个 RM 可以使用不同的并发控制机制，这表明 CO 算法可以和单节点上的封锁算法、TO 算法、MVCC 算法等并发访问控制机制结合使用，从而实现分布式事务处理机制，确保全局可串行化。

1. CO 算法基本原理

CO 算法的基本原理如下：在调度中等待提交的两个事务 T_1、T_2，如果 T_1 的优先级高于 T_2（即 T_2 冲突依赖于 T_1），调度器在排定事务提交的顺序时，要确保事务 T_1 先于事务 T_2。

CO 算法的原理看起来很简单，但该算法却能确保全局可串行化，对此证明如下：

假设历史 H 是可串行化的，且在提交事务的可串行化图中，事务 T_i 有一条路径指向事务 T_j，也就是说，事务 T_i 经过一系列的冲突指向了事务 T_j，则由 CO 算法的实现原理可知，事务 T_j 一定是在事务 T_i 之后提交的。

假设历史 H 不是可串行化的，那么就存在一个从不是可串行化的环。即存在一条路径，从事务 T_i 指向事务 T_j，经过一些其他事务后又重新指向事务 T_i，由此可知事务 T_i 在事务 T_j 之后提交。因为有环存在，所以可以推导出事务 T_i 指向了事务 T_j，由此又可以得到事务 T_j 在事务 T_i 之前提交。据上述两个推断得到了自相矛盾的结论。所以可知，提交事务的可串行化图是无环的，即历史 H 是可串行化的。

2. 基于 CO 算法的调度器

基于 CO 算法可实现的事务调度器有多种，其中最主要的两种如下。

（1）COCO（Commitment Order Coordinator，提交排序协调器）。只保证可使用 CO 算法，而不保证系统具有可恢复性，不具备实用性。

（2）CORCO（CO Recoverability Coordinator，提交排序可恢复性协调器）。CORCO 是一种同时保证可使用 CO 算法和系统具有可恢复性的调度器。因为 CORCO 比 COCO 多提供了一种保证可恢复性的机制，因此会回滚更多的事务。

对于 CORCO 算法而言，其工作过程是：

第一步，选取 wrf–USG 中没有任何 Cwrf 输入边的事务，即这个事务没有读其他的事务，这一选取方法保证了该事务不会被 ABORTREC（T'）回滚。选取到以后提交该事务。

第二步，消除所有 ABORTCO（T）中的事务，之后回滚所有在之前被回滚的事务 T' 中被 ABORTREC（T'）中记录的事务（事务的级联回滚）。

第三步，移除所有 T 和被回滚的节点。

由上可知，实现了 CORCO 调度器的数据库生成的历史 H 是符合 CO 算法且具有可恢复性的。

3. 分布式 CO 算法

分布式数据库系统中，一个事务的每个参与节点，如果在本地使用基于 CO 算法实现并发访问控制机制，则在分布式事务提交阶段，使用原子提交协议（Atomic commitment protocol，ACP），如 2PC，即可确保在分布式环境下通过分布式写事务实现可串行化。

CO 算法能解决并发事务的冲突（读写、写读、写写），依赖的是 augmented conflict graph（增广冲突图），这是一个包括了所有冲突的有向图。在这个有向图中，事务是节点，冲突是有向边，有向边是由一个先发生的事务指向一个后发生的事务。对于事务操作请求，无论是已经被授予的情况（materialized conflict，物理冲突）还是未被授予的情况（non-materialized conflict，非物理冲突）通常都被包括在这个有向图中。解决冲突的方式就是消除增广冲突图中的环。利用 CO 算法不仅可以解决单节点的并发事务冲突，也可以解决分布式事务的并发冲突。而分布式事务在利用原子提交协议进行提交时，根据各个参与者节点的投票结果，进行全局事务冲突检测，如果没有检测到全局的事务冲突，则允许事务提交，否则撤销事务。

但是，在分布式事务中，若是全局增广冲突图（Global augmented conflict graph）中存在环，则会发生投票死锁的情况，这会阻碍全局可串行化的实现。CO 算法会在事务原子提交的投票阶段，检测是否发生了全局事务的死锁。保障分布式事务的可串行化，就是打破全局增广冲突图中存在的环。一种自动消除投票死锁的方式是在 ACP 阶段利用超时机制撤销一个不能投票的事务以消除全局的死锁。另一种解决上述问题的方式是主动消除死锁，可用的方式在上一节基于 CO 算法的调度器中讨论过，这里不再重复。

4. CO 算法的优缺点

CO 算法的优点如下。

（1）能简单确保全局可串行化。

（2）能运用于分布式事务处理场景，且该算法独立于局部节点的事务处理机制，使得分布式事务的并发访问控制算法和局部事务的并发访问控制算法解耦。这在分布式事务处理中有助于认识、理解全局事务处理机制和局部事务处理机制之间的关系。

CO 算法的缺点是并发度很低。CO 算法会把一个即将提交的事务的相关事务（依赖本事务或被本事务依赖的事务）都回滚，使得回滚率增加。在工程实践中这样的机制不具有实用性。

5. CO 的变形算法

CO 有许多变形算法，如 ECO、MVCO，其还合并了多种并发控制方法的算法，如 MVECO。

（1）ECO 全称是 Extended Commitment Ordering，对于一个调度中两个事务 T_1 和 T_2，T_1 在冲突图中指向 T_2，T_1 先于 T_2 提交，这确保了本地可串行化。ECO 结合原子提交协议利用本地可串行化可保证分布式 ECO 算法实现全局可串行化。

（2）MVCO 全称是 Multi-Version Commitment Ordering，与 MV（Multi-Version 实则是 MVCC）技术结合的好处在于显著提高并发度，原因是 MVCC 不会产生读写、写读冲突，即读写操作互不阻塞，而且 MVCC 机制下还可以单独为只读事务提供优化处理操作。有学者详细讨论了 MVCO 技术，指出 CO 算法确保分布式事务全局可串行化，各个分布的节点可以维持各自独立的、不同的并发访问控制方法，利用 MV 可实现 One-copy-serializability model（单副本串行性，可简写为 1SER 或 1SR），结合 CO 和 MV 可确保分布式的全局 1SR。

二、分布式数据库死锁管理

在同时处于等待状态的两个或多个事务中，其中的每一个在它能够进行之前，都等待着某个数据，而这个数据已被它们中的某个事务所封锁，这种状态称为死锁。

（一）死锁

事务 T 可以看成是由一系列读（R）和写（W）操作组成，在这些操作的执行过程中相应地向数据库申请读锁和写锁，其调度表为：

$$ST=[R(x_1), R(x_2), w(x_1), R(x_3), W(x_3), \cdots, R(x_n), W(x_n)]$$

如果 T 事务遵守 2PL 协议，那么它将占有写锁直至提交。如果有一个事务 T_1 申请对数据项 x_1 的写锁，而 x_1 当时正被其他事务 T_2 锁着，那么就会出现以下两种情况：

（1）将 T_1 放入 x_1 的等待队列中直至 $x1$ 的锁被 T_2 释放。

（2）终止并回退 T_1。

在第 1 种情况下，T_1 仍保持原有的锁并进入等待状态。在第 2 种情况下，T_1 释放其所有的锁并重启动。对于一个复杂事务，特别是分布式事务，重启动整个事务的花销可能很大，因为在一个站点的回退可能会引起该事务在其他站点上所有子事务的回退。

允许一个被阻塞的事务在等待其他事务释放锁的同时仍保持其拥有的锁，会导致死锁的出现。例如，当一个事务在等待另一个事务释放锁，而该事务也在等待前者释放锁，死锁就出现了。系统使用死锁检测机制发现死锁。下面将讨论在集中式和分布式 DBMS 中用于检测和消除死锁的方法。如果一个事务在阻塞时释放其拥有的锁，那么死锁就不会发生，这种协议称之为死锁防止协议。

即使系统不发生死锁，对于基于锁协议的事务而言，也有可能不停地回退或一直处于等待状态而不能获得锁，这种情况称之为"活锁"。在活锁情况下，一个事务被阻塞而其他事务仍能继续正常操作。观察医院中的"统计床位"事务，该事务用于计算某一时间床位占用的数量。在"统计床位"事务执行的同时，其他事务正在接收病人、让病人出院或转院。为得到数据库的暂时的一致数据，"统计床位"事务要求获得所有病人记录的读锁。然而由于其他事务的存在，得到全部锁是很困难的，这将导致该"统计床位"的事务始终得不到执行的机会，此时该事务就处于活锁状态。为避免这种活锁，许多调度器使用系统优先级方法（即事务等待时间越长，优先级越高）来解决这一问题。

在分布式 DBMS 中，死锁检查更加复杂，这是因为事务或事务代理的等待链可能涉及许多不同的站点。

（二）检测全局死锁的方法

在分布式 DBMS 中，检测全局死锁的方法有 3 种：

1. 集中式

集中式死锁检测方法为：首先将所有站点的等待图合并到一个站点中，该站点称为死锁检测场所；然后检测该全局图中是否有循环存在。如果全局图涉及许多站点，并且许多事务代理都是活跃的，那么形成全局等待图的通信开销将是很高的。正如利用集中式方法去解决分布式问题，全局图的构造很容易成为瓶颈。

2. 层次式

在层次式死锁检测方法中，站点是按层次方式组织的。发生阻塞的站点给它上一层的死锁检测站点发送等待图。局部死锁检测就是在这些站点上完成的。如果系统中发生了站点 A 和 G 处的死锁，那么需要组织整个全局等待图来检测。层次式死锁检测比集中式检测减少了通信花销，但是在系统中发生站点和通信的失败时，这种方法就难以应用。

3. 分布式

分布式死锁检测的方法有多种，可能比层次式和集中式方法更强壮，但是由于没有一个站点包含了检测死锁必需的所有信息，所以需要大量的站点间的通信。

使用最广泛的分布式死锁检测方法是由 Obermarck 提出的，但是这种方法存在的一个问题就是，如何证明这种方法的正确性，即该方法能否做到真正的死锁最终会被检测出来，而且不会得到不是死锁的"假死锁"。Obermarck 死锁检测方法有可能得到假死锁，因为它采用简单快捷的方法获取系统状态，而这些状态可能不真实。

Obermarck 方法的基本思想是：增加一个节点，记为 EXT，将它引入每一个局部等待图中，当作一个远程站点的代理。当一个事务在另一个站点生成代理时，两个站点上都将 EXT 节点加入自己的等待图中。EXT 节点代表进出该站点的连接。

即使在局部等待图中加入代表外部代理的 EXT 节点，分布式系统中的死锁检测也需要很大的开销，而且很难决定应在哪一个站点上检测死锁。若像集中式系统一样，对每一个事务的每一个请求都进行死锁检测，则开销就太大了。即使每当有一个代表外部代理的 EXT 节点加入局部等待图时，检测一次是否有循环出现也是不值得的。一种可行的方法是超时检测，只有当局部站点的事务被挂起一段时间后，才启动死锁检测器工作。然而在分布式系统中容易发生各种各样的延迟，特别是通信（网络负载过重）延迟，这种延迟并不是由死锁引起的，但也会导致死锁检测程序的启动。因此，在分布式系统中使用超时作为死锁检测器的触发条件，并不像在集中式系统中那样有效。

（三）假死锁

发送死锁检测信息报文的传递延迟能引起假死锁。例如，在一个给定时刻，死锁检测程序收到信息：事务 T_i 正在等待 T_j。假定一段时间后事务 T_j 释放了 T_i 请求的资源，并且请求 T_i 拥有的资源。如果事务 T_i 所在场地的死锁检测程序收到 T_j 请求 T_i 占有资源的信息，但是由于通信的原因还没有收到 T_j 不再阻塞 T_i 的信息，于是检测出一个长度为 2 的假死锁环路。这类假死锁出现的根本原因在于检测程序使用过时的 LWFG（边 $T_i \to T_j$ 已不再存在）去寻找死锁。

还有一种情形会引起假死锁。如果事务 T_i 处于一个死锁环路中，但由于与死锁无关的原因自动中止了 T_i，如来自用户的主动中止或者由于 T_i 使用资源的失效引起的中止。

而死锁检测程序可能在知道 T_i 中止之前检测出这个"死锁"，于是出现了假死锁。这种类型的假死锁的出现要求：事务 T_i 处于死锁中，事务 T_i 自动中止和检测程序要先发现死锁三个条件同时出现，因此其出现的概率是很低的。

我们还会注意到在第一种情形中没有实施 2PL 规则。如果所有的事务都遵守 2PL 规则，那么假死锁的出现只能是由于自行中止。下面来证明这一结论。

假定没有自行中止却有一个假死锁。死锁检测程序会在等待图中查出假死锁环路 $T_1 \to T_2 \to \cdots T_n \to T$。由于冲突的锁定操作对应冲突的数据库操作。对应于等待图中任一边 $T_i \to T_{i+1}$，在 SG 中必有边 $T_{i+1} \to T_i$，因此对应等待图中的环路在 SG 中必有一个环路其方向相反。没有事务的自行中止，所有事务必在该环路中。即 2PL 产生了一个非串行调度，矛盾。

因为假死锁出现的概率是低的，所以我们简单地把它当作真死锁处理，对系统的性能不会有明显的影响。

（四）死锁的预防

死锁一旦发生，系统效率将会大大下降，因而要尽量避免死锁的发生。在操作系统的多道程序运行中，由于多个进程的并行执行需要分别占用不同资源，所以也会发生死锁。要想预防死锁的产生，就得改变形成死锁的条件。同操作系统预防死锁的方法类似。

1. 死锁的预防方法

在数据库环境下，预防死锁常用的方法有以下两种：

（1）一次加锁法。一次加锁法是每个事物必须将所有要使用的数据对象全部依次加锁，并要求加锁成功，只要一个加锁不成功，表示本次加锁失败，则应该立即释放所有加锁成功的数据对象，然后重新开始加锁。

一次加锁法虽然可以有效地预防死锁的发生，但也存在一些问题。首先，对某一事务所要使用的全部数据一次性加锁，扩大了封锁的范围，从而降低了系统的并发度。其次，数据库中的数据是不断变化的，原来不要求封锁的数据，在执行过程中可能会变成封锁对象，所以很难事先精确地确定每个事务所要封锁的数据对象，这样只能在开始扩大封锁范围，将可能要封锁的数据全部加锁，这就进一步降低了并发度，影响了系统的运行效率。

（2）顺序加锁法。顺序加锁法是预先对所有可加锁的数据对象规定一个加锁顺序，每个事务都需要按此顺序加锁，在释放时，按逆序进行。

顺序封锁法也能够有效地防止死锁的发生，但是维护数据对象的封锁顺序是很麻烦的事情。因为数据库中的数据是不断动态变化的，而且事务的封锁请求可以随着事务的执行而动态地决定，有时很难按照既定的顺序进行封锁。由此可见，在操作系统中普遍采用的死锁预防策略并不是很适合数据库系统的特点，因此，DBMS 解决死锁问题普遍采用的是死锁诊断与解除的方法。

2. 死锁防止协议

目前解决死锁问题最有效的方法是尽量避免死锁的发生，即死锁防止协议。如果事务 T_1 申请事务 T_2 占有的数据项的锁，则事务管理器将决定是否让 T_1 处于等待状态，以防止系统出现死锁。一种解决方法是对数据项排序，强迫事务按数据项的顺序申请数据。然而，这种顺序可能很难确定，因为访问数据库的用户通常是通过视图访问数据库的，而这些视图可由数据库的任何子集来定义。一个更现实的方法是将事务排序，保证所有的冲突操作按照顺序依次执行，允许阻塞事务在符合这种事务顺序的条件下等待，这就防止了死锁。

这种事务的顺序可以通过时戳确定。通过给每一个事务开始时分配一个唯一的时戳，就可以实现旧事务等待新事务的"等待－死亡"协议，或新事务等待旧事务的"受伤－等待"协议。

如果一个事务回退，它将保持其初始的时戳，否则，它就可能被重复地回退。时戳方法支持优先级系统，旧的事务比新的事务具有更高的优先级，或新的事务比旧的事务具有更高的优先级。协议名字中的前半部分"等待"和"受伤"描写的是，当 T_1 的时戳早于 T_2 的时戳所发生的情况，而协议名字中的后半部分"死亡"和"等待"描写的是，当 T_2 的时戳早于 T_1 的时戳所发生的情况。这两个协议使用锁作为基本的并发控制机制，而时戳仅用于对事务进行排序，所以被称为基于锁的协议而不是基于时戳的协议。

"等待－死亡"和"受伤－等待"协议仅是众多死锁解决方法中的死锁防止方法之一。这些解决方法中的一种极端的方法是禁止死锁，在此方法中，死锁能全部避免；另一个极端是在死锁发生以后再进行死锁检测和恢复的允许死锁方法；位于二者之间的是死锁防止方法，它通过对事务或数据排序来防止死锁。

禁止死锁协议不要求在运行时刻进行任何工作，而死锁防止和死锁检测与恢复协议却要求。禁止死锁方法要求事务请求的所有资源（数据对象）在事务一开始就要声明，一旦事务开始运行，它就已经获得了对所需的全部数据的占有权，不会出现等待资源的问题。该方法的优点是避免了死锁，缺点是降低了事务执行并发度，它通常只在一些少数的特殊场合使用，例如所有的事务以一种预先定义好的顺序访问数据的特殊情况。

如果事务请求的数据对象被其他事务锁住，死锁防止方法允许事务在一定的条件下等待，"等待－死亡"和"受伤－等待"是这类协议中最为著名的。超时方法可用于解决活锁和等待时间过长的问题，但也可能带来一些不必要的重启动。

死锁检测和恢复方法比前两种方法隐含着更大的并发度，但进行死锁检测和恢复将带来很高的系统开销。

（五）死锁的诊断与解除

诊断死锁的方法主要有两种：超时法和等待图法。

1. 超时法

如果一个事务的等待时间超过了规定的时限，就认为发生了死锁。超时法实现简单，但其不足也很明显。一是有可能误判死锁，即事务因为其他原因等待时间超过时限，系统误认为发生了死锁。二是时限若设置得太长，死锁发生后不能及时发现。

2. 等待图法

用离散数据的图论来诊断死锁的方法，即用事务等待图动态反映所有事务的等待情况。事务等待图是一个有向图 $G=(T, U)$，T 为正在运行的各个事务的节点的集合，U 为有向边，每条边表示事务等待的情况。若 T_1 等待 T_2，则 T_1，T_2 之间画一条有向边，从 T_1 指向 T_2。

DBMS 的并发控制子系统周期性的检测事务等待图，如果发现图中存在回路，则表示系统中出现了死锁，就会给予提示，设法解除该死锁。

解除死锁的方法是选择一个处理死锁代价最小的事务，将其撤销，使其释放其持有的所有的锁，以便其他事务可以获得相应的锁，使他事务能继续运行下去。

第三节　多版本并发控制与快照隔离分析

一、多版本并发控制

多版本并发控制的基本思想是保存数据项的多个版本，当事务请求访问数据项时，系统会根据当前是否正在处理写事务，选择一个合适的版本返回给读请求，这使得系统可以接受在其他技术中被拒绝的一些读操作。当事务更新数据项时，就会产生一个新的数据版本，老的数据版本仍然会被保留下来。

在多版本并发控制方法中，每个数据项 X 都保留了多个版本 X_1，X_2，X_3，$\cdots$，X_k。对于每个版本，系统将保存版本 X_i 的值和以下两种时间戳：

ReadTime（X_i）：X_i 的读时间戳。它是所有成功读取版本 X_i 的事务的时间戳中最大的一个。

WriteTime（X_i）：X_i 的写时间戳。它是写入版本 X_i 的事务的时间戳。

只要允许一个事务执行 write（X）操作，就会创建数据项 X 的一个新版本 X_{k+1}，并且将 WriteTime（X_{k+1}）和 ReadTime（X_{k+1}）的值都置为事务的时间戳 ts（T）。相应地，当一个事务 T 被允许读版本 X_i 的值时，ReadTime（X_i）的值被置为当前 ReadTime（X_i）和 ts（T）中较大的一个。为确保事务的可串行性，可以采用下面两条多版本规则。

规则 1：如果事务 T 执行一个 write（X）操作，并且 X 的版本 X 具有 X_i 所有版本中最高的 WriteTime（X_i），同时 WriteTime（X_i）$\leqslant$ ts（T）且 ReadTime（X_i）> ts（T），即 WriteTime（X_i）$\leqslant$ ts（T）< ReadTime（X_i），这表明有更新的事务已经读取版本 X_i，那么撤销并回滚 T；否则创建 X 的一个新版本 X_k，并且令 ReadTime（X_k）=WriteTime（X_k）=ts（T）。

　　规则 2：如果事务 T 执行一个 read（X）操作，并且 X 的版本 X_i 具有 X 所有版本中最高的 WriteTime（X_i），同时 WriteTime（X_i）≤ ts（T），那么把 X_i 的值返回给事务 T，并且将 ReadTime（X_i）的值置为 ts（T）和当前 ReadTime（X_i）中较大的一个。

　　在多版本并发控制中，更新并不改变数据库中的数据，每个写操作都创建一个数据项的新版本。每个版本都被赋予创建它的事务的时间戳，通过这种方式，每个事务都会在正确的数据库状态下进行处理。这里指出多版本技术的一个明显缺点，即增加了额外的存储空间，但对于那些本身就要使用数据库对象的多个版本的应用程序而言，多版本技术就是一个非常合适的并发控制技术。

二、快照隔离分析
（一）可串行化的快照隔离

　　快照隔离是 Berenson 等人在 1995 年提出的一个应用在单个节点数据库系统中的多版本并发控制协议，可以达到不阻塞读操作并且避免了一些操作异常。可串行化的快照隔离技术，即 SSI 技术，是基于 MVCC 技术中的多版本和快照隔离的思想实现的。引入 SSI 技术是为了解决快照隔离的写偏序异常问题。因为 SSI 技术是基于 SI 技术实现的，所以其整体流程与 SI 技术相同，只是增加了一些 book-keeping（记录簿），目的是记录事务的一些信息以便动态检测是否有写偏序现象发生（工程实现中可能有写偏序发生，但不是一定有写偏序发生，所以存在误判的可能，这么做是为了提高检测的效率），如果有，则回滚引发写偏序异常的事务。

　　下面我们对 SSI 技术的基本内容进行研究：

　　1. 读写依赖

　　检测写偏序的理论基础如下：

　　读写依赖表明，不可串行化事务中必然存在一个环且该环内有两个读写冲突构成的边存在于多版本可串行化图（MVSG）中。

　　读写依赖的扩展形式定义了 5 种依赖关系。其表明，前述的两条边相邻且每条边的两个端点代表处于不同活动状态下的事务。

　　读写依赖和读写依赖扩展形式让人了解并发事务之间的读写操作是怎么造成事务"冲突行为"的，这些冲突行为之间的逻辑关系是什么样子的。利用读写依赖和读写依赖扩展形式，可以构造出并发事务，如果并发事务之间形成一个环，那么表明事务之间相互依赖导致形成写偏序异常。所以解决写偏序异常的方式就是打破环，即因某个事物加入初次形成环时回滚该事务，从而破解写偏序异常现象，客观上实现事务调度串行化。

2. 3 种依赖关系

前面概略地讲述了解决写偏序的理论基础，其中提到了读写依赖，除了读写依赖之外还有其他两种依赖关系。这几种依赖关系的定义如下。

写读依赖（wr-dependency）：事务 T_1 写数据项 X 的一个版本，事务 T_2 读这个版本，这意味着 T_1 先于 T_2 执行，所以可以把 T_2 作为起点，将 T_2 作为终点，画一条从 T_1 到 T_2 的边，即同一个版本的写操作到读操作的边。

写写依赖（ww-dependency）：事务 T_1 写数据项 X 的一个版本，事务 T_2 使用一个新版本替换这个版本，这意味着 T_1 需要先于 T_2 执行完毕（T 提交完成），所以可以把 T_1 作为起点，将 T_2 作为终点，画一条从 T_1 到 T_2 的边，即同一个对象的写操作到写操作的边。

读写依赖（又称 anti-dependency 或 rw-conflicts）：事务 T_1 写数据项 X 的一个版本，事务 T_2 读这个对象之前的版本，这意味着 T_1 后于 T_2 执行，所以可以把事务 T_1 作为起点，将 T_2 作为终点，画一条从 T_1 到 T_2 的边（虚线绘制，实际上应当是反向依赖即写依赖于读），即同一个对象的写操作到读操作的边。

从理论上看，写偏序的问题被抽象为在并发事务之间绘制依赖图，如果存在环则意味着写偏序发生，所以解决写偏序问题采用的方式是打破环。但是，工程实践中的解决方式却不完全是这样，有的算法是在即将形成环之时，通过回滚某个事务破坏形成环的条件，从而避免环的形成。也就是当发现有两个相邻的读写依赖时回滚当前事务，这样在环形成前即破坏了环形成的条件，从而使 SSI 技术具有避免写偏序异常的功能。

3. 算法实现

每个事务对象上都有两个 boolean 型的变量——T.inConflict 和 T.outConflict。其中，若只有 T.inConflict 的值为 true，则表示有一个读写依赖从别的并发事务指向自己；若只有 T.outConflict 的值为 true，则表示有一个读写依赖从自己指向别的并发事务；若是 T.inConflict 和 T.outConflict 的值都为 true，则意味着有相邻的两个读写依赖，这可能就是一个不可串行化的快照隔离。

可串行化的快照隔离引入一个新的锁模式——SIREAD 锁。

SIREAD 锁表示一个 SI 事务（使用快照隔离技术的事务）在数据项上读取了一个版本。

SIREAD 锁不会阻塞任何锁（与任何锁都相容），所以 SIREAD 锁看起来更像是一个标志而不是锁。SIREAD 锁是施加在数据项对象上的，而不是施加在某个版本上的。

如果一个数据项的某个版本上存在 SIREAD 锁和 WRITE 锁，则表示存在读写依赖关系，因此持有这些锁的某个事务可以设置其 inConflict 和 outConflict 值。

SSI 技术主要体现在事务开始、读操作、写操作、事务提交这 4 种操作中。

（二）写快照隔离

Write-snapshot Isolation，即写快照隔离，简称 WSI 算法，WSI 算法是 MVCC 技术的一个变种，WSI 有两个优点：

第一，能够实现可串行化隔离级别，真正保证数据的一致性。

第二，相较于传统的 SI 技术，在检测读写冲突时并发度更高。

从实践的角度看，在传统的数据库系统诸如 Oracle、PostgreSQL、MySQL/InnoDB 中尚无应用，但是有研究人员在分布式数据库 HBase 中做了实现，CockroachDB 开发者也在尝试将 WSI 应用到 CockroachDB 中。

如果应用场景是 PostgreSQL，则可用 WSI 算法替代 SSI 技术，因为 SSI 技术为了避免"写偏序数据异常"而额外增加了 SIRead 这样的逻辑上的谓词锁，以对读操作的历史情况进行检测。如果应用场景是 MySQL/InnoDB，则既可以避免"写偏序数据异常"，又可以提高并发度。

两种已有的快照隔离实现方式，即 Lock-based 和 Lock-free。Lock-based 本质上是 MVCC 技术和封锁并发访问控制算法的结合，锁用于解决写写冲突。Lock-free 也在着力解决写写冲突，其比较准备提交的事务 T 的开始时间戳和并发写事务中最近提交事务的提交时间，如果最近提交事务的提交时间大，则表明事务 T 操作数据后数据被某个已经完成提交的并发事务修改，所以存在写写冲突，需要回滚事务 T。注意，这两种实现方式都要基于如下两个前提条件：

条件一：Spatial overlap：both write into row r（空间重叠：都写入行 r）。

条件二：Temporal overlap：$T_s(\text{txn}_i) < T_c(\text{txn}_j)$ and $T_s(\text{txn}_j) < T_c(\text{txn}_i)$（时间重叠：$T_s(\text{txn}_i) < T_c(\text{txn}_j)$ and $T_s(\text{txn}_j) < T_c(\text{txn}_i)$）。

条件一针对的是写写冲突，条件二表明事务间是并发的（生命周期有重叠）。

有人进一步分析了一些并发案例，并指出如下的写写冲突是可串行化的，即不是所有的写写冲突都应该被回滚，如式 4-1 所示。H4 是一个存在写写冲突的并发过程，但其等价于 H5，而 H5 是可串行化的，所以 H4 是可以找到一个等价的可串行化调度的。对于 H5，在 c_1 和 $w_2[x]$ 之间的时间点是一个满足一致性的状态点。

$$\text{H4.} r_1[x] w_2[x] w_1[x] c_1 c_2$$
$$\text{H5.} r_1[x] w_1[x] c_1 w_2[x] c_2$$

（7-1）

基于前述的认识，有人提出 WSI 算法，并给出可串行化的证明。这是有关正确性的问题，也是最重要的问题。

接下来我们通过几个问题，来进一步探讨 WSI 算法。

问题 1 SI 和 WSI 算法的主要差异是什么？

SI 和 WSI 的差异主要体现在提交操作（Commit request）中，即对所做的读写操作进行判断和处理的方式不同。

SI 算法的判断和处理方式如下：

R 表示已经提交的事务修改的数据对象的集合，所以 Lock-free 中的循环块代码，会遍历所有被本事务修改的数据，如果有与数据对应的事务的提交时间在当前要提交的事务的时间之后，则说明本事务涉及的数据项被其他事务修改且已经提交，这就会引发冲突（写写冲突，且采取的是先提交者获胜的策略），所以本事务需要回滚。

如果冲突检测完毕，本事务没有被回滚，则表明需要为本事务获取一个提交时间点，这个时间点是一个关键值，表示事务可以"提交"了。

之后，用本事务提交的"提交时间点"去修正每一个被本事务修改过的数据项，以保证数据项的最新提交时间点被写事务记录（表明数据项被一个写事务修改过，之后这个数据项又被别的写事务用在循环判断中，所以该算法对应的是写写冲突），之后用于其他事务提交时的判断。

从上面的分析可以看出，SI 算法检测的是写写冲突。

WSI 算法的判断和处理方式如下：

有两个数据集合，一个是被最新的一个已经提交的事务修改过的数据；另一个则是表示当前要提交的事务读过的数据。这一点和 SI 算法中的 R 是不同的。

算法中的循环块代码，遍历所有被本事务读取的数据，如果数据项上的提交时间戳发生在本事务之后，则回滚本事务，这表明本事务可能会读到"脏数据"进而引发脏读或不可重复读之类的冲突，因而要回滚本事务。（这是读写冲突，且采取的是先提交者获胜的策略。）

如果冲突检测完毕，本事务没有被回滚，则需要为本事务获取一个提交时间点，这个时间点是一个关键值，表示事务可以"提交"了。这一点与 SI 算法一致。需要注意的是，每个数据项都存在这样一个提交时间点。

之后，用本事务提交的"提交时间点"去修正每一个被其本事务修改过的数据项，以保证数据项的最新提交时间点被记录。

从上面的分析可以看出，本算法检测的是读写冲突，检测被本事务读过的数据项是否被其他事务在本事务之后修改过。如果被修改了，则回滚本事务。该算法对于只读事务做了优化，即只读事务不构成和其他并发事务的冲突。

WSI 算法需要维护读写集，对于一个大事务而言，这是一个负担。

另外，WSI 算法的执行前提如式 7-2 所示。

$$T_s(txn_i) < T_c(txn_j) < T_c(txn_i) \qquad (7\text{-}2)$$

WSI 算法是基于 OCC 框架实现的具备 MVCC 算法特质的 MVCC 改进算法。

问题 2　WSI 是怎么提高并发度的？

先来看一个例子：

$$H4.r_1[x]w_2[x]w_1[x]c_1c_2 \qquad (7\text{-}3)$$

对于一个如 H4 这样的并发操作，两个事务都要写同一个数据项 x（存在 lost update 的情况，即丢失更新异常），对于 SI 算法，因为存在写写冲突，这样的操作是被禁止的。

在 WSI 算法中，H4 的一个等价调度为：

$$H5.r_1[x]w_1[x]c_1w_2[x]c_2 \qquad (7\text{-}4)$$

这样的调度方式能够避免丢失更新异常，所以对于 SI 禁止的一些并发情况，在 WSI 算法中是允许执行的。这就是 WSI 并发度能够提高的原因。

为什么 H5 调度方式能被采用？是因为如下的调度转换定义：

对写事务使用与历史 h 相同的提交顺序；

维护每个事务内部的操作顺序；

将只读事务的所有操作移至其开始后的右侧；

将写事务的所有操作移到提交之前。

其中，第四条保障了从 H4 到 H5 的转换。由此引出一些定理和推论，证明了 WSI 满足可串行化。

第八章

大数据时代分布式数据库系统研究的新进展

随着计算机应用领域的不断拓展和计算机技术的发展，数据库已是计算机科学技术中发展最快、应用最广泛的重要分支之一，数据库技术的研究也取得了重大突破，已成为计算机信息系统和计算机应用系统的重要的技术基础和支柱。大数据时代，数据库技术与人工智能技术、面向对象程序设计技术、并行计算技术等等互相渗透，互相结合，成为当前数据库技术发展的主要特征。

第一节　分布式数据库系统的安全性与访问控制

分布式数据库的安全性是计算机应用安全性的一个方面。计算机系统的安全隐患来自系统环境的诸多方面，解决问题的唯一途径是全方位防范。归纳计算机系统的安全隐患可能来自：系统软件的漏洞、网络协议的脆弱、用户信息的窃取、病毒的攻击。分布式数据库的安全性是计算机系统中数据安全性的表现。一般情况下，分布式数据库面临着两大类安全问题：一类由单站点故障、网络故障等自然因素引起；另一类来自本机或网络上的黑客攻击。

实际上，分布式数据库中的安全和计算机安全性一样，是一个很广泛而艰难的研究课题。它不仅涉及相关技术问题，而且是一个包括立法、犯罪预防与惩治以及政府行为的综合工程。

一、分布式数据库系统的安全性问题

在分布式数据库体系结构中，数据安全性是一个至关重要的方面。首先，局部 DBMS 负责维护自治站点的数据安全性，确保本地数据不受未经授权的访问或篡改。随着远程用户的授权访问变得常见，潜在的数据泄露风险也随之增加。为此，必须考虑接收站点的安全级别和网络安全，以有效应对跨站点数据传输可能引发

的潜在风险。除此之外，局部数据库还需要关注认证和授权机制、权限规则的分布、数据加密以及全局视图机制，以建立全面的数据安全策略。

（一）认证和授权

当用户要访问计算机系统时，首先必须让计算机识别自己（给出名字），然后进行认证（通过输入密码）。为允许用户访问远程站点中的数据，分布式数据库必须在所有站点存储用户的名字（识别信息）和密码（认证信息），这种关键信息的管理本身的安全就是一个问题，尽管密码总是以加密的形式存储的。

避免认证管理信息复制的一种较好方法是，让用户在一个称为主站点的站点进行识别，并在那个站点进行认证。如果用户一旦在主站点被接受，那么所有的站点都将承认其为"真正的用户"。当然这并不意味着被承认的用户可以无限制地访问分布式数据库上的所有数据，因为他们还要遵循局部数据访问规则。这种系统首先要求站点之间能相互识别和认证，这与识别和认证用户的过程（先给出用户名，再给出密码）非常相似。

（二）授权规则的分布控制

由于分布式数据库中的数据本身是分布的，所以对目标数据的访问权限就要存储在目标数据的站点上。另一种可供选择的方法是在所有站点上存放全部权限信息的拷贝，这样就可以在查询刚开始执行时进行权限检查。然而这种早期的对远程目标访问的权限检查，其实用价值往往不抵维护全部权限信息的开销，因此一般不采用这种方法。

（三）加密

加密是为了解决用户诸如避开数据库的安全控制机制对数据进行直接访问以及通过通信线路获得传送信息这类安全问题的。一般的加密方法是设置密码，但这种方法不能将数据和消息加密。而对数据和信息的加密在分布式数据库环境中是很重要的。因此在分布式数据库中通常采用一种加密算法，对原始的数据和信息进行加密，再通过加密密钥将其打乱成为加密数据和信息，接收者除非知道加密密钥，否则就不能解密数据和信息。实际上，这种加密算法要解决的问题一般不是破译，而是加密密钥的安全问题。

1. 加密方法

目前常用的有两种加密方法：数据加密标准（DES）和公开密钥方法。

（1）数据加密标准（DES）。由IBM公司开发的数据加密标准（Data Encryption Standard，DES）算法，于1977年被美国政府定为非机密数据的数据加密标准。DES算法是第一个向公众公开的加密算法，也是迄今为止应用得最广泛的一种商业的数据加密方案。

DES 是一个分组加密算法，对于任意长度的明文，首先对其进行分组，每组数据长度为 64 位（8 字节），然后分别对每个 64 位的明文分组进行加密。密文分组长度也是 64 位，没有数据扩展。密钥长度为 64 位（其中有 8 位为奇偶校验位），有效密钥长度为 56 位。DES 的整个体系是公开的，体系的安全性全靠密钥的保密。其加密大致分成 3 个过程：初始置换、16 轮迭代变换和逆置换。

（2）公开匙加密。这种方法每个用户有两个密钥：一个是用来加密的加密密钥；另一个是用来解密的解密密钥。一个用户的加密密钥像电话号码一样是对外公开的，从而任何人都可以向他发送的加密信息，但是只有执有解密密钥的人才能解释数据，当然不可能从加密密钥中推导出解密密钥。

公开密钥加密方法可以对信息加上数字化的签名，从而使接收者可以通过标识来确认发送者。一个数字化签名是与手写签名相似的计算机信息，它们是极难模拟的。数字化信息签名的实现是基于这样一个事实，加密算法和解密算法是互逆的。具体而言，先对信息进行加密再对加密信息进行解密，可以得到原信息；先对信息进行解密再对解密信息进行加密，也可以得到原信息。

公开密钥算法的加密密钥是公开的，而解密密钥是保密的。采用这种加密方式，其他用户也可能冒充用户 A 发送信息给用户 B（实际上任何用户都可以向 B 发送信息，因为用户 B 的加密过程是公开的），因此用对信息加上数字化签名的加密方法来替代这种简单的加密方法。用户 A 先用自己的解密密钥对信息进行解密计算，然后再用 B 的加密密钥进行加密计算，之后再把这个信息传送至 B。用户 B 接收到这个信息以后，通过相反的过程，B 不但可以解密数据，而且可以确保数据是 A 发送的数据。B 再进行解密过程得到信息。这样解密过程构成了用户 A 的有效的数字化签名。

2. 保密通信

在保密通信领域，确保身份验证成功后的数据传输至关重要。客户与服务器以及服务器之间的通信必须建立在可信的身份验证基础上，以确保数据的完整性和安全性。为了抵御潜在的窃听和重发攻击，系统需要建立加密传输的保密信道。在分布式数据库系统中，选择适当的加解密算法对系统性能至关重要，通常采用对称密码算法以提高加解密速度。为实现保密通信，系统可以通过内置功能或利用底层网络协议，例如 SSL，来确保信息的机密性和安全传输。

3. 密码体制与密码管理

密码体制与密码管理在保障信息安全中发挥着关键作用。身份验证、保密通信以及库文加密都依赖于加解密算法，而不同的操作步骤需要选择合适的算法来保证整个体系的安全性。密码体制的强度直接取决于密钥的保密性，尤其在分布式数据库系统中，对公钥和密钥的严格管理至关重要，以防止假冒和泄漏。密钥管理涉及密钥的产生、分发、存储、更新和作废删除等方面，其中核心问题在于密钥的分发过程，必须采取有效措施来确保密钥的安全传递，以维护整个密码体制的完整性和可靠性。

（四）全局视图机制

在分布式数据库环境中，全局视图被认为是至关重要的因素，对系统的顺利运行和数据安全性产生深远的影响。全局视图的定义相对容易，可以建立在全局关系之上，为用户提供了一个统一而综合的数据视角。这种视图机制带来了多重好处，其中之一是有助于实现数据的独立性，使得系统能够更加灵活地进行操作。同时，全局视图为安全性提供了额外的保障，通过对用户进行分类，使安全性检查变得更加容易。另一个全局视图的优势在于其能够将复杂性隐藏起来，从而提高了数据访问的效率。虽然复杂视图的实现可能会带来一定的代价，但通过强大的查询优化器，系统可以在维持全局视图的同时提高查询速度，平衡了这一复杂性与性能的关系。

（五）识别机制与结构

1. 识别机制

一个分布式数据库系统由几个地理上分散的数据库系统组成，系统之间的通信由计算机网络来实现。一个"真正"的分布式数据库系统对用户和应用程序员而言是一个同集中式数据库系统一样的完整的数据库系统，它不同于由各个数据库系统通过网络简单构成的通信系统。

同构的分布式数据库系统意味着有相同的识别处理机制，用户、程序员及系统管理员都不必关心通信问题。特别重要的是用户的映象对于每一个子系统都是一致的、唯一的、有效的和可理解的。

例如，一个医院信息系统，由几个部门组成（如门诊部、住院部等），每个都是系统的一部分，它们位于地理上不同的节点上。假设医院信息系统又包括病人子系统、职工子系统，那么这两个子系统的集成就是一个真正的分布式数据库系统，这意味着两个系统在赋予各自用户一定的权限之后，面对的就如同是一个集中式的系统一样。例如，程序 P_1 属于病人子系统的某个用户 U，由全局信息可知用户 U 的映象定义，即 P_1 的权限范围是在整个医院的范围内对分布式数据库进行访问。程序 P_2 属于职工子系统的数据库管理员，若要访问某医生的技术档案则要调用它，P_2 要求激活 P_1。由于根据全局信息可以得到用户 U 的映象定义，所以系统的权限检验机制能够允许用户 U 激活 P_2 的请求。

从上例可知，通信系统与分布式数据库系统的处理是不同的，后者的用户用属于自己的程序去激活其他程序，不再需要代理去完成程序间的保密通道的建立。由于分布式数据库系统不是在通信网络的支持下，所以两个独立的系统彼此间不是一般通信，而是一个统一的、完整的和一致的系统。系统中各个用户映象都由统一的机制来定义，权限的控制也是由系统的专门机制完成的。这就保证了每一个程序在其映象标明的情况下，可与其他存放在任何位置的程序及属于任何子系统的程序之间建立秘密通道。

2. 识别结构

通信系统中的识别处理固定存放在网络的每个子系统上，而分布式数据库的识别系统则是整个系统的重要组成部分之一。在全局统一的情况下，它有不同的识别结构形式。

（1）子系统之间的识别处理策略。关于子系统间的识别处理策略，这里提出两种方案。

第一种方案要求分布式数据库系统中的每个子系统都具有系统统一标准下的从属于子系统的局部识别权限处理机制（LAP）。在这种情况下，识别可能要在两个 LAP 之间进行，因为单一的 LAP 有时不能做出正确的判断。不妨以有 LAP1 和 LAP2 的系统为例，其中 LAP1 的识别需要调用 LAP2。在建立了一个通信通道后，两个 LAP 之间的交互作用即可进行正确识别，这时 LAP2 可知 LAP1 正在调用自己，并验证由 LAP1 发来的用户映象信息，当验证通过后才允许用户程序对其他程序进行调用。这种识别处理策略就是前面提到过的非冗余式处理策略。它的识别信息存放在系统的各个节点上，并且各个节点上的子系统都含有一个 LAP，全系统有一个统一处理机制来完成各个 LAP 间的统一。

第二种方案与第一种方案正好相反，它将系统中的所有识别信息全部复制到系统的所有节点，也就是让每个用户映象在系统的每个节点上出现，这样只要在一个节点上就可由识别机制验证某个用户程序的用户映象，因此大大降低了通信费用。但第二种方法也有个主要的缺点．即是要花费很大的代价来保证各个节点上识别信息的一致性，不保证这点就会增加无效访问。

（2）系统工具的分类。权限的定义与权限的分布存放是由统一的机制来完成的，实质上权限的定义概念是为使用系统的人员指出工具的所有权和调用权。按应用的范围可将工具分成三类。

系统类工具包括分布式数据库全局模型的建立、数据字典的建立、对系统的配器处理、模式与数据字典的分布策略选择、系统资源的分配、系统运行效率分析等等。

全局类工具包括对分布式数据库在全局范围内的一切处理，包括增加、删除、更新等等处理。

局部类工具包括对分布式数据库的局部处理。实质上是指对片段副本的处理。

（3）系统工具的管理人员。拥有以上三类工具管理权的管理人员也分为三类：分布式数据库系统管理员（可管理系统类工具）、分布式数据库全局管理员（可管理全局类工具）、分布式数据库局部管理员（可管理局部类工具）。

在以上三种系统工具的管理者中，第一类人员的权限最高，除可以管理系统类工具外还可管理其他两种工具。第二类人员的权限次之，有权管理局部类工具。第三类人员的权限最低，不能管理其他两类工具。

用户是工具的使用者，他可利用工具实现对分布式数据库的访问。其中最基本的访问就是读和写的访问。

无论是用户还是各类工具的管理者都需在系统中有一完整的用户映象。关于用户映象的内容和表达形式，无论是操作系统还是集中式数据库管理系统都具有各自的特点。因为分布式数据库有它自己的特殊要求——物理上的分散性、逻辑上的统一性、节点自治以及安全性，所以需在传统特点的基础上增加全局和局部的描述。

权限的分布就是用户映象分布与识别权限处理机制的分布，这点是分布式数据库所特有的。用户映象本身也是一个分布式数据库，权限的识别处理机制就是对这个分布式数据库的管理。

二、分布式数据库系统的访问控制

访问控制是数据库安全至关重要的内容，可以理解为安全基本服务，也可以理解为安全基本机制。作为安全基本服务，访问控制根据规定的安全策略和安全模式对合法用户进行访问授权，并防止未经授权用户以及合法授权用户的非法访问，涉及的对象通常包括访问主体、资源客体、访问策略、策略强制执行等组件。作为安全基本机制，访问控制实施对资源或操作的限制并进行授权，可以直接支持机密性、完整性、可用性，常使用的技术包括访问控制矩阵、访问控制列表、访问标签、权限、鉴别凭证、安全标记、访问时间、访问路由。

在通常的数据库管理系统中，为了防止越权攻击，任何用户不能直接操作库存数据。用户的数据访问请求先要送到访问控制模块审查，然后系统的访问控制模块代理有访问权限的用户去完成相应的数据操作。用户的访问控制有两种形式：自主访问控制和强制访问控制。其中自主访问控制由管理员设置访问控制表。此表规定用户能够进行的操作和不能进行的操作。而强制访问控制先给系统内的用户和数据对象分别授予安全级别，根据用户、数据对象之间的安全级别关系限定用户的操作权限。在这两种方式中，数据对象的粒度越小，访问权限就规定得越细，从而系统管理的开销就越大，尤其是在分布式数据库系统中，一方面用户、数据对象多，另一方面要进行分布式访问控制，更加剧了系统访问控制的负担。事实上系统中许多用户具有相似的访问权限，因此可以根据用户权限确定角色。一个角色可以授予多个用户，同时一个用户可以拥有多个角色。这样可以在一定程度上降低系统访问控制管理的开销。

（一）自主访问控制

自主访问控制是数据库中最为普遍的一种控制手段，它赋予用户根据个人意愿决定资源访问权限的能力。在自主访问控制模型中，用户的控制权建立在鉴别和访问规则的基础上，需要明确指定每个用户对系统中每个对象的具体访问权限。其中，核心权限涉及对资源对象的"拥有"权，系统通过检查用户对资源的所有权或衍生的访问权限来判断是否授权访问。

自主访问控制的特性之一是允许拥有权限的用户自主将权限授予其他登录用户，这一过程的典型代表是访问矩阵。访问矩阵模型作为自主型安全模型的代表，在操作系统和数据库管理系统中得到广泛应用。该模型被构建为一个状态机，通过矩形阵列描述系统的安全状态，其中行代表主体，列包括主体和客体，而单元数值则表示访问方式。

访问矩阵模型在安全协议的发展中被认为是安全模型发展的里程碑。这一模型的使用不仅限于理论层面，还涉及实际系统的设计和实施。事实上，大多数自主型安全模型可以看作对访问矩阵模型的扩展，它们从理论到实际系统都对安全协议的发展产生着重要的影响。

（二）强制访问控制

在当前信息科技的背景下，自主访问控制机制因其存在的一些固有问题而引起了广泛关注。首要问题在于，数据拥有者拥有自主授予访问权限的权力，然而，这可能导致潜在的安全威胁。为了解决这一问题，强制访问控制机制应运而生，特别是在处理高安全等级应用时，强制访问控制被视为一种有效的手段，可有效防范权限扩散问题，从而防止潜在的攻击。

在强制访问控制的框架下，系统采取了一种不同的方式来处理主体和客体之间的访问权限。具体而言，系统会为主体和客体分配不可轻易改变的安全属性，这些属性在一定程度上决定了对数据资源的访问权限。通过严格的匹配检查，系统能够准确判断是否允许某个主体访问特定的客体。这种不可逃避的访问限制是强制访问控制的核心原则之一，从而确保了系统的整体安全性。

相较于自主访问控制，强制访问控制具有更为严格和明确的权限分配规则。

用户无权将其拥有的数据资源的访问权限授予其他用户，这是强制访问控制被称为"强制"的原因。这种强制性的特征使得系统在处理敏感信息时更为可靠和可控，降低了潜在的人为错误和滥用权限的风险。

在数据库管理系统中，强制安全访问控制得到了广泛的应用。其中，作为典型的代表，Bell–LaPadula 模型（BLP 模型）通过设定多个安全等级，要求系统中的主体和客体必须遵守规则，以实现强制访问控制。BLP 模型在处理机密性问题方面表现出色，为信息系统提供了可靠的保护机制。通过对安全等级的精心设置，BLP 模型成功解决了许多与访问控制相关的挑战，为高安全性应用的实施提供了可行的解决方案。

系统的完整性问题可以采用另一个强制访问控制模型——Biba 模型来解决。Biba 模型通过防止低完整级信息流入高完整级客体来防止对数据的非授权修改，从而达到保护信息完整性的目的。

此外，在使用 BLP 模型保护数据库中信息安全时，一个需要注意的问题是如何处理同一实体的多实例问题。这是由于同一实体在不同的安全等级下，可能具有多个不同的值造成的。一些研究机构对这个问题进行了深入的探讨，提出了一些扩展的安全模型。本章将主要介绍安全数据视图模型和贾让第 – 沙胡模型。

对于军事信息而言，强制访问控制模型非常有效，广为使用。但是，对于非军事系统以外的信息系统，强制访问控制模型过于严格，以至于用户难以管理自己的数据，因此使用的范围并不广。

第二节　分布式面向对象数据库系统的管理

面向对象数据库就是支持面向对象特性的数据库（OODBMS）。"它以一种面向对象的语言为基础，增加数据库的功能，用以支持持久对象和实现数据共享。由于建模和处理能力大大提高，面向对象的数据库技术已经可以处理企业内复杂和变化的事务对象。"面向对象数据库综合了面向对象编程技术和数据库技术，它有下列优越性：

第一，面向对象方法的强大建模能力和灵活性能够适应复杂数据库应用的设计，如 CAD 和办公信息系统等，而关系模型对此类应用的支持不佳。

第二，面向对象数据库提供高级数据库特性，如稳固的数据、面向集合的处理以及事务管理等。

第三，对于复杂的数据库应用可以完全用面向对象的数据库编程语言来独立完成。能够避免嵌入式查询语言存在的失配问题，因为查询语言（例如 SQL）是面向集合的，通常是一次一个集合，与编程语言的一次一个记录不匹配。

在传统的数据库技术中已经学习过面向对象数据库的一般概念，本节的重点放在介绍分布式面向对象数据库技术方面。

一、面向对象数据库

现代数据库管理系统（DBMS）的体系结构可以划分为两种基本类型：主从（Host/Slave）结构和客户 / 服务器（Client/Server）结构。主从结构将应用和数据库服务器集为一体，是一个单一的进程。客户 / 服务器结构是在局域网络（LAN）技术和价格低廉的工作站及个人计算机（PC）高度发展的背景下产生的，它把数据应用视作与数据库分离且不同的进程，它们可以在地理上分布，也可以同驻一台机器上。客户 / 服务器结构是近年发展起来且在数据库界很流行的一种新型DBMS 体系结构。OODB 的客户 / 服务器体系结构可以划分为四种基本模型。

（一）数据库服务器

数据库服务器结构采用于关系数据库管理系统（RDBMS）。在这一结构中，客户端通过 SQL 查询与服务器进行通信，并得到相应的数据。该架构支持简单的事务处理，但不适合面向对象数据库管理系统（OODBMS），因为使用 OODBMS 可能导致服务器过载。相比之下，关系数据库的设计更符合这一服务器结构的需求，使得数据的管理和查询更为高效。

（二）对象服务器

在数据交换领域，对象成为数据交换单元，其中客户端与服务器之间仅传递消息和结果对象，从而有效地降低了网络开销。这种以对象为粒度的设计呈现出高度的灵活性，使得系统能够进行对象级的加锁、版本管理以及日志维护。这一特性不仅实现了平衡工作负载，还有效提高了系统的响应时间和吞吐率。尽管客户端相对功能较为简单，主要负责模式管理和协调事务处理，但这种设计并不符合当今 PC 和工作站性能的发展趋势。过于简单的客户端功能可能导致计算资源浪费，难以适应现代计算机性能的不断提升。每次对象引用都需要进行网络传输，尤其在最坏情况下，可能导致性能问题的出现。

在服务器端，工作相对较为复杂，需要进行查询优化、索引维护、对象级存储管理、并发控制和日志维护等一系列任务。对于这些任务的有效处理，直接影响着整个系统的性能表现。然而，过细的对象级加锁和日志维护可能会消耗过多时间，从而限制了该结构的适用性。此外，早期采用此对象服务器结构的

OODBMS 较少，这表明该设计在起初并未被广泛采用。

（三）页服务器

页服务器结构以页面为单位进行数据交换。在这种结构中，服务器负责存储管理、页面级并发控制和日志维护。通过将数据划分成页面，可以有效减轻服务器的负载，让客户端承担大部分复杂管理工作。页服务器结构难以实现对象级加锁，其性能很大程度上依赖于簇聚机制和用户应用的设计。这一结构的优势在于减轻了服务器的负担，但也面临一些性能上的挑战。

（四）文件服务器

文件服务器结构充当了页服务器结构的简化版本。在这个结构中，客户端直接进行数据库页面的读写，而服务器负责并发控制和恢复管理。尽管与页服务器结构相似，文件服务器结构仍然具有一些独特的优缺点。远程文件服务速度较慢，因为客户端直接存取可能导致锁请求与页面请求不同步，从而增加了开销。因此，虽然文件服务器结构在简化了设计的同时具备了一定的高效性，但也需要权衡其在性能和复杂性方面的取舍。

二、分布式对象管理

（一）分布式对象存储

分布式对象存储是负责分布式对象存储和访问的系统模块。它可以被看作对象管理模块的扩充，能够在分布式环境下处理物理聚簇和对象定位。局部对象的物理聚簇和对象定位可以使用复杂对象存储方法。如何使对象分布有效和透明是很复杂的问题，大多数为分布式环境所设计的面向对象系统，采用让程序员掌握对象的位置来简化这一问题。

但是，这种方法在分布式面向对象数据库中是不可行的，因为要实现系统的高可用性和高性能，分布式对象管理器应该支持对象分布的位置透明性和分布式程序执行。在分布式关系数据库中，全局对象可以被分片或分簇，使得事务可以在数据的存储站点并行执行。对复杂对象分簇可以基于复杂对象的上层属性值或对象标识。持久对象（存储在外存中的对象）的分布信息可以存放在全局目录中。分布式数据管理器主要负责对全局对象的标识和对对象共享的支持。

持久对象的全局标识类似于在分布式环境下的全局唯一文件名。一种流行的方法是使用代理来实现全局对象标识。一个代理由对象生成站点的站点标识和该站点上计数器值的串接组成。瞬时对象（存放在内存中的对象）的全局标识涉及面更广，主要问题在于采用无共享结构的系统，无法提供对所有站点来说为全局的物理地址空间，因此无法使用集中式对象管理的方法。解决这一问题有两种可能的方法：

一种方法是为基于瞬时对象的每个事务建立一个全局间接表（indirection table）。当执行某个事务时，间接表被分布到与该事务执行有关的所有站点。在事务初启时，计数器清零，通过将对象产生的站点标识和站点计数器值串接，使得瞬时对象标识 OID 在事务中全局唯一。间接表将每个瞬时对象标识与其物理标识相关联。每个事务执行的站点都有一个间接表，它最初只包含由本地产生的那些 OID。当对象从其他站点迁移到本站点时，在间接表中登记上该对象的 OID 和新的物理标识。一个瞬时对象可能会通过不同的路径到达相同的站点好几次。这样多次进入会导致在间接表中外来的同个 ID 会有多个重复值，需要消除这些重复的 OID，对于按照 OID 散列方式建立的间接表，这很容易实现。

因为对象可以在事务执行中移动，因此，这种方法被普遍地使用。然而，它会碰到与持久对象相类似的那些问题。首先，间接表可能会相当大，它需要占用的空间可能会是瞬时对象的 2 倍。其次，不可能在内存中对复杂对象聚簇。另外，对对象共享的支持，在存在更新的情况下，可能会导致矛盾。

（二）分布式对象查询

分布式对象查询处理负责有效地处理对于分布式面向对象数据库的查询。这是一个全新的研究领域，在这方面的可用信息很少。采用支点算法处理在并行环境下的复杂对象。当全局对象被分片到分布式系统中的多个站点时，可以利用关系数据库的分布式查询优化技术，只需对其进行少许改变。下面将讨论在关系数据库存储或复杂对象存储情形下的分布式对象查询处理。

在关系数据库存储情形下，与集中方式相类似，使用关系数据库存储的分布式对象查询处理相当简单。首先将对象上的概念查询映射到分布式关系数据库的全局关系查询。然后，余下的问题就与关系数据库的分布式查询处理相同，对全局关系的查询映射到对相应片段的查询，从而得到优化，完成查询。

在复杂对象存储情形下，查询处理算法可以基于 R* 算法中所使用的枚举方法，唯一区别在对复杂对象访问方法的选择上。使用扩展的 R* 算法，产生线性的关系代数树（查询树或语法树）。换言之，二元操作（例如 Join）的输入最多是一个瞬时对象。因此，不同的选择和连接操作不能并行执行，而应串行执行。此时可采用支点算法，以提供操作内和操作间的并行性，只需对支点阶段进行相应的修改就可以处理复杂对象。因为单个支点 TID 只适用于线性或平面的情况，对于嵌套层次的情况，就不能只选择一个支点 TID，每一嵌套层都必须有一个支点。

另外，相对关系的支点算法而言，复杂对象很少需要进行连接操作，所以可以使用路径索引作为辅助索引。

三、分布式面向对象数据库实现技术

（一）分布式面向对象数据库的特点

面向对象数据库与分布式数据库概念虽然独立存在，但它们之间存在一种正交关系，这使得它们可以有机结合，形成了分布式面向对象数据库。这个概念的出现不仅弥合了两者之间的差异，还融合了它们的优势，创造出一种新的数据库形式。

分布式面向对象数据库带来了多项优点。第一，它具有高可用性和高性能的特点，这使得它类似于关系数据库，并能够在应对大规模数据处理需求时表现出色；第二，这种数据库更适应分布式环境，尤其在涉及协作和分布式计算设施的大型应用中展现出其优越性；第三，分布式面向对象数据库的特性使其成为支持异构数据库的理想选择，因为异构数据库通常分布在不同的地方，而这种数据库可以有效地隐藏信息，提升数据管理的灵活性。

设计融合经验也是分布式面向对象数据库的一大优势。其设计整合了分布式关系数据库和面向对象数据库的经验，成功克服了这两者之间的正交问题。举例来说，该数据库采用了分布式事务管理技术，这本是集中式面向对象数据库的特性，从而在分布式环境中得到应用。这种综合性的设计使得分布式面向对象数据库能够更好地满足多样化的应用需求，为复杂的信息系统提供了一种更为全面的数据库解决方案。因此，分布式面向对象数据库不仅扬长避短，而且在数据库领域具有广泛的应用前景。

（二）分布式面向对象数据库的主要实现技术

当前存在多个分布式面向对象数据库系统，其中包括 FISH、Exodus、Orion、O2、ObjectStore 和 GemStone 等。这些系统在体系结构上可以分为对象服务器结构、页面服务器结构和文件服务器结构。

FISH 系统是一种先进的分布式与并行式面向对象数据库系统，采用页面服务器结构。该结构充分综合了对象服务器和页面服务器的优点，以页面作为数据传输的单位，实现了对象级控制和高效的页面级处理。具体而言，FISH 系统中采用了页式对象（Paged-Object）服务器，该服务器在维护对象信息的同时支持对象级控制和处理。通过数据映射机制，FISH 系统将页面和包含的对象映射到服务器和客户工作区中，从而实现了高效的数据管理。

这种页式对象服务器的实现方法基于分布式共享虚拟内存（LSVM）技术，采用了三种映射机制。一是磁盘映射，即将同一场地内存映射到磁盘，实现数据的持久性存储；二是内存映射，通过将同一场地客户内存映射到服务器内存，实现了高效的数据访问；三是分布式共享虚拟内存映射，该映射机制实现了不同场

地间内存的映射，促进了分布式系统的协同工作。

通过这些映射机制的巧妙应用，FISH 系统在实现效果上取得了显著成果。避免了额外的转换开销，使得三个存储空间中的对象格式保持一致。这一特性大大提升了系统的整体性能和数据管理效率，为先进应用提供了可靠的支持。因此，FISH 系统在当前分布式面向对象数据库系统中展现出独特的优势，为数据处理和应用开发提供了可靠的基础。

1. 持久对象管理

传统的面向对象数据库系统存在一系列问题，其中之一是数据库建立在低速磁盘上，并使用对象缓冲区和页面缓冲区。这种设计导致了数据格式在对象缓冲区与磁盘之间存在差异，需要进行繁琐的格式转换操作。此外，服务器还需管理页面缓冲区，执行查找、请求和淘汰等操作，增加了系统的复杂性。另一个挑战是大对象分片存储在多个页面上，需要进行额外的工作以将它们转换到连续的地址空间，进一步影响了性能。

为了解决这些问题，FISH 系统引入了一种创新的页式对象方法。首先，FISH 系统在内存和磁盘上使用完全相同的对象格式，消除了额外的缓冲区和格式转换的需求。这样的设计简化了数据处理过程，提高了效率。操作系统被赋予了责任，负责管理内存和外存之间的交换，从而增强了磁盘操作的效能。通过内存映射，FISH 系统能够将大对象存储在连续的地址空间中，避免了在不同页面之间进行转换的复杂性。在 FISH 系统中，客户和服务器之间通过虚拟内存建立内存映射对象。这种机制使得客户和服务器能够共享读写，而无需占据额外的磁盘空间。通过共享内存，系统进一步提高了协作和数据传输的效率。

2. 共享内存管理

在进程间通信的多种方式中，共享内存被广泛应用，其核心思想是通过多个进程共享同一段内存，以实现彼此之间的有效通信。在 FISH 系统中，共享内存的应用体现在建立挥发性堆上，从而实现客户进程和服务器之间的数据共享。然而，在 NT 系统中，并未直接提供用于建立共享内存的过程调用，而是采用了内存映射对象的方式。

在 NT 系统中，由于每个进程都拥有独立的虚拟地址空间，因此不能直接传递内存映射对象句柄或起始地址以实现共享内存。解决这一问题的方法是，在获得双方进程句柄的前提下，将一个进程中建立的内存映射对象句柄复制到另一个进程的地址空间。通过这个过程，复制后的句柄被传递给目的进程，使得目的进程能够使用这个句柄将内存映射对象映射到自身的地址空间。这一过程的关键在于将建立的内存映射对象在两个进程之间进行传递和复制。一旦成功复制，不同的两个进程就能够共享同一个内存映射对象，从而实现共享内存的效果。

3. 透明锁和异常处理

FISH 支持透明锁，消除了客户程序手动加锁 / 解锁的繁琐过程，而是通过系统内存保护机制自动实现。在 NT 系统中，通过页面属性禁止读写，当读写操作与属性冲突时，会触发访问冲突异常事件。FISH 充分利用异常处理机制，通过捕捉异常实现透明锁，为客户进程建立堆时，在堆对象表中增加记录。对堆对象的读写操作引发访问冲突异常，通过定义异常事件处理程序，实现了自动加锁的过程。这种设计有效地提高了系统的可靠性和稳定性，使得透明锁的使用变得更加方便和安全。

4. 远程过程调用和通信管理

作为分布式对象数据库系统，FISH 的事务涉及本地客户、本地服务器以及远程服务器的通信。系统定义了标准的远程过程，包括建立 / 删除内存对象、事务开始 / 提交 / 撤销等。这些过程的调用涉及了跨越网络的通信，而 FISH 选择使用有连接的 Socket 来完成这一任务。具体而言，基于 TCP 的远程过程调用被用于建立 Socket 连接，而端口号则以随机生成的方式确定。这种设计保障了通信的可靠性和稳定性，为分布式系统的协同工作提供了坚实的基础。

5. 多线程调度

线程作为进程的执行单元，相较于进程具有更小的开销和更高的执行效率。在同一进程中，多个线程可以共用一个虚拟地址空间，实现并发执行，从而提高整个系统的效率。在 FISH 系统中，服务器的设计采用了多线程进程的架构，这使得服务器能够同时与多个客户端进行通信，并为同一客户端建立多个线程连接，实现并行处理客户端请求的能力。

每当客户端请求服务器上的堆进行访问时，服务器会建立一个线程来处理该请求，并在访问结束后终止该线程，实现多线程连接的灵活管理。由于多个线程共享同一地址空间，为了确保线程对共享资源的独占访问，需要提供同步机制。在 FISH 系统中，采用了 NT 提供的临界区技术，这确保了线程对共享资源的安全访问。

为了进一步降低线程同步的开销，FISH 服务器在启动时建立了临界区，一次只允许一个线程占用，其他线程需要等待。这种机制有效地避免了多个线程同时访问共享资源可能引发的问题。此外，为了更加高效地处理堆的访问，FISH 系统采用了一种巧妙的设计，即将堆的封锁表作为局部变量存放在每个线程中，而非集中保存在全局变量中。这样一来，每个线程可以更自主地管理和访问封锁表，减少了线程之间的竞争和冲突，提高了系统整体的并发性能。

第三节　P2P 数据管理系统与 Web 数据库集成系统

一、P2P 数据管理系统

（一）P2P 分布式存储系统

利用 P2P 网络构建大规模分布式存储系统，是早期 P2P 网络研究和应用的重要热点。在基于 P2P 网络的分布式存储系统中，每个节点都将自己的内容存储到其他节点，也为其他节点提供存储服务。P2P 分布式存储系统为数量庞大的用户提供海量数据的存储和访问服务，具有良好的可扩展性、鲁棒性、易用性及较高的性能。基于 P2P 网络的分布式存储系统的核心研究问题包括数据定位算法、数据副本策略、数据更新和访问控制等。结构化 P2P 网络比非结构化 P2P 网络更加适合这类应用。典型的 P2P 分布式存储系统包括 OceanStore、CES（cooperativefile system）和 PASTry 等。

OceanStore 是一个基于 Tapestry 的分布式数据存储系统，其目标是提供全球范围的、持久性数据存储服务。Tapestry 是一个基于 Plaxton Mesh 的结构化 P2P 网络，具有很多非常优异的网络拓扑性质。

CFS 是一种基于 P2P 网络的只读存储系统。CFS 可提供高效、鲁棒和负载平衡的文件存取功能，并且因采用分布式体系结构可以简单地扩展到更大规模的网络。具体而言，CFS 文件系统将文件块分布存储到诸多可用的 CFS 服务器，而其客户端软件把文件块看作文件系统的数据并为应用程序提供只读接口。CFS 存储系统包括两个主要模块，分别是 Dhash 和 Chord。Dhash 在服务器之间分发和存储文件块数据，并维护文件块的缓存和复制，最后使用 Chord 结构化 P2P 网络来定位相应文件块所对应的服务器。

（二）分布对等环境中的时空数据查询

在数据库系统中，索引是一项至关重要的技术，其作用不可忽视。通过提取概要信息并按规则排序，索引显著提高了查询处理能力，能够快速排除不符合条件的数据，从而有效提高了查询效率。特别是在时空数据库领域，时空索引成为研究的焦点，为解决时空数据的热点问题提供了关键技术支持。

时空索引在时空数据库中的研究热点主要源于随着时空数据规模的增大和分散程度的提高，用户对即时进行时空检索的需求不断增加。分布式时空索引技术的研究目标明确，那就是满足用户对时空对象搜索的需求，同时追求实现快速高效的查询能力，兼顾性能和共享范围的考量。

时空数据本身具有特殊性和重要性，因为它描述的是空间状态随时间演变的独特数据类型。利用时空数据，人们能够更好地掌握历史、现在甚至预测将来，从而提高对空间存在和状态演变的感知度、洞察力和预见性。因为有效的索引成为管理时空数据的关键技术之一，这使得时空数据索引的研究备受关注。

时空数据索引也面临着一系列关键技术挑战。由于时空数据的特殊性，复杂的查询方式如历史的 kNN 查询、轨迹查询以及将来预测的连续式查询等，使得时空索引的作用变得尤为重要。有效地应对这些挑战，成为研究者们努力探索的方向，以推动时空数据索引技术的不断发展，满足日益增长的时空检索需求。

1. 对等计算结构的时空索引

在过去的时空索引研究中，关注点一直集中在集中式环境下，然而，随着时空查询需求的不断演变，现有的集中式结构已经难以满足新形势下的需求。因此，分布式时空索引的出现变得尤为重要。在选择分布式结构时，必须谨慎考虑不同的方案。以往的经验表明，在大规模动态环境下，主从式和层次式技术存在着性能低效、扩展性差、灵活性差以及抗毁性弱等问题。这些弊端迫使研究者们不断寻找更为优越的分布式结构。

因此，对等计算（P2P）模式被引入并广泛采用。P2P 模式具有在分布式环境下实现高性能、大规模、灵活和抗毁的独特优势。在基于 P2P 技术的分布式时空索引中，采用了"地位平等"的思想，即各节点在功能上被视为一致的伙伴，形成一个具有结构的覆盖网。这种结构通过消息转发的方式来实现时空查询，为时空索引的高效运作提供了可行的解决方案。

P2P 技术的选择并非仅仅为了解决集中式结构的问题，它体现了在动态环境中发挥重要作用的需求。这一技术在数据库和分布式计算领域具有独特的优势，为时空索引系统的设计提供了更加灵活和可持续的解决方案。

基于对等计算的分布式时空索引不仅仅局限于某一领域，而是跨足多个领域。它是集中式时空数据库索引和对等计算发展的产物，融合了两者的优点，为时空索引领域带来了新的发展方向。这种结合为时空查询提供了更高效、更灵活的解决方案，同时也为动态环境下的时空数据管理带来了全新的可能性。

2. 分布对等时空索引应用价值

基于对等计算的分布式时空索引技术是一项具有实际意义的技术，对提高时空数据访问性能和拓展应用领域具有积极影响。这项技术在数字化战场态势监控、云计算、物联网和传感器全球网等领域得到广泛应用。通过采用这种技术，不仅可以更有效地处理时空数据，还能够适应不断扩大的应用范围，为各种领域的发展提供了有力支持。

（1）数字化战场。数字化战场的发展使得时空数据管理任务愈发凸显，各作战或指挥单元迫切需要负责存储本单位的时空数据。在这一格局中，基于对等计算的分布式时空索引技术应运而生，为全域内单位提供了高效的查询支持。各单位共同构建全局分布式索引，通过自治方式建立本级索引，同时积极参与上级单位索引的构建。这种协同作战的时空数据管理模式极大提高了信息检索的效率，使得指挥官能够更迅速地获取所需信息，从而更灵活地制定战略决策。

（2）云计算。通过统一管理计算资源池，云计算能够提供按需服务，进一步提高位置服务计算性能。借助 P2P 技术，云服务器得以组织成高效的拓扑结构，实现了虚拟化，满足云计算虚拟化的需求。在这一基础上，建立了时空索引，确保了透明式的查询，消除了地域和服务节点之间的差异。云计算的整合不仅为数字化战场提供了强大的计算支持，而且通过时空索引的建立，为信息的全面共享和高效利用创造了有利条件。数字化战场在数字技术的推动下变得更加智能、灵活，为战争的胜利提供了强大的技术支持。

（3）物联网。物联网实现了通过射频识别、红外感应器、全球定位系统等传感设备将物品与互联网连接的目标。这一创新让物品智能化识别、定位、跟踪、监控和管理成为可能，通过对等模式的服务器组织，不仅扩大了覆盖范围，而且建立了分布式时空索引，提升了运营商的查询权限。这使得全球范围内能够更加全面地了解物品，从而提高了战略敏感度。物联网的发展不仅仅是技术的进步，更是对物品管理和监控方式的一场深刻变革。

（4）传感器全球网。传感器全球网作为物联网的关键组成部分，由大量静态或移动传感器自组织构成的无线网络，以协作方式感知、采集、处理和传输监测信息。这一网络通过分布式时空索引技术的引入，极大地增强了其灵活性，便于新的传感器和基站的加入。这种灵活性使得网络能够更好地适应动态环境，并且提高了使用的简易性。传感器全球网的特点在于其能够有效地满足网络的动态性，同时保持高效的监测信息传递，为物联网的发展提供了坚实的基础。这种全球性的传感器网络不仅在科技领域具有广泛的应用，更为各行各业的信息采集和处理提供了便捷的解决方案。

二、Web 数据库集成系统

Web 数据库集成系统在信息管理中起着关键作用，然而，由于缺乏标准的信息共享方法，其效率受到一定限制。随着 WWW 技术的成功发展，信息共享问题得以解决，而将其与数据库结合起来则成为一个强大的工具。这种结合的开发对于充分发挥数据库和 WWW 的优势具有重要意义，为信息管理提供了更加高效和便捷的解决方案。

（一）Web 与数据库集成的一般结构和方法

Web 与数据库集成的一般结构和方法涵盖了三种主要实现方式。首先是 Web 服务器端中间件连接，其次是客户端直接访问数据库，最后是服务器端中间件与客户端应用程序的组合。其中，典型的 Web 应用模式是在 Web 服务器端提供中间件连接，通过这种方式实现了更加灵活和高效的数据库集成。这种多样性的结构和方法为不同需求和场景提供了灵活的选择，使 Web 与数据库集成更加适用于各种应用领域。

1. 访问 Web 数据库的中间件方法

中间件在计算机科学领域中扮演着至关重要的角色，其作用主要体现在管理 Web 服务器与数据库服务器的通信以及提供应用程序服务。这种技术的关键在于其能够访问数据库，并生成动态 HTML 页面，从而使得用户能够获得更加交互和动态的网络体验。

在中间件技术的基本实现中，通用网关接口（CGI）是一项重要的技术。CGI 允许运行外部应用程序，通过外部程序访问数据库，进而生成 HTML 文档返回给浏览器。然而，CGI 技术也存在一些局限性，其中之一是每次请求都需要重新启动 CGI 程序，这影响了响应速度。此外，CGI 应用程序不能共享，这会影响资源使用效率，导致性能降低和等待时间增加。

为了克服 CGI 的局限性，Web 服务器厂商开始发展专用的 API，例如 NSAPI 和 TISAPI。这些 API 应用程序与服务器结合更加紧密，占用系统资源较少，运行效率更高，并提供更好的保护和安全性。尽管 API 应用程序相对于 CGI 应用程序更为高效，但其复杂性也相应增加，成为一个需要解决的问题。

API 应用程序的复杂性主要表现在与数据库连接的方式上，同时由于缺乏统一标准，其兼容性较差，通常只能在专用的 Web 服务器和操作系统上工作。为了解决这些问题，业界推出了基于 API 的高级编程接口和专有中间件技术，如 Netscape 的 LiveWire、Microsoft 的 IDC 和 ASP 以及 Apache 上的 PHP。这些技术的推出旨在简化应用程序的实现，解决 Web 应用程序编程中的复杂性与高效性之间的矛盾。

2. 访问 Web 数据库的客户端方法

访问 Web 数据库的客户端有多种途径供用户选择。第一，客户端可以轻松通过 Web 浏览器下载相应的应用程序，从而直接连接并访问数据库；第二，主要的客户端方法涵盖了 Java Applet、ActiveX、Plug-in 等多种技术，其中以 Java Applet 为最典型代表。Java Applet 为用户提供了便捷的交互方式，丰富的图形和多媒体功能，使得用户体验得以提升。在 Java Applet 中，使用 JDBC 技术能够实现对不同数据库的操作，通过 API 调用完成数据库的读写等功能。此外，一种有效的方式是将数据库访问任务委托给专用服务器，通过 Java Applet 与服务器进行 Socket 通信，实现对数据库的操作。

3. 访问 Web 数据库的客户端 + 中间件方法

随着 Web 数据库应用需求的不断增长，客户端与中间件的交互方法成了 RAD 技术综合开发 Web 数据库应用的重要组成部分。这一领域的发展在厂商推出了一系列基于 Web 数据库开发的 RAD 工具，其中包括 Visual InterDev、IntraBuilder、Visual JavaScript 等。同时，传统的 C/S 应用开发工具也纷纷引入了 Web 开发功能，如 Delphi 和 PowerBuilder，以适应市场的变化趋势。

在基于 RAD 的 Web 数据库开发中，关键在于采用了 Server 端中间件和浏览器端脚本语言，如 JavaScript 和 VBScript，来实现客户端的功能。这一架构的设计使得开发者可以更加灵活地处理前端与后端的交互，提高了开发的效率和灵活性。另外，采用了 CGI 和 WebAPI 方法，通信由 Web Server 完成，同时通过高级编程接口或中间件技术，可以有效提高系统的运行效率，降低开发难度。

随着技术的进步，RAD 方法在 Web 数据库开发中得到了进一步的提升，尤其是基于 WebAPI 的应用。这一趋势利用可视化技术减少手工编程的需求，从而增强了软件的可靠性。在基于客户端的方法中，浏览器通过 JDBC 直接完成与数据库服务器的通信，绕过了 Web 服务器，提高了整体系统的响应速度和效率。

目前，基于中间件的方法更加流行，广泛应用于 ASP、Netscape Livewire、PHP、Servlet/TSP 等 Web 应用开发技术。这些中间件为开发者提供了强大的工具和框架，使得他们可以更加便捷地构建复杂的 Web 数据库应用。这种方法的广泛应用表明了中间件在现代 Web 应用开发中的关键作用，为整个行业的发展提供了坚实的技术基础。

（二）Web 数据集成技术

随着 Internet 及其相关技术的不断发展，Web 上的数据源迅速膨胀，各种不同的联机数据大量涌现。这些数据源具有如下特点：

第一，物理位置高度分散。

第二，数据与数据管理完全独立自治。

第三，类型和模式不同，既有传统的关系数据库系统、面向对象数据库系统，也有 HTML、XML、多媒体流等 Web 时代特有的数据形式。

第四，数目递增，数据量庞大。

在当前数据库领域中，Web 环境下的异构信息源集成为重要的研究方向。这一领域涉及多个基础问题，其中包括集成系统体系结构、半结构数据服务器的后端存储、异构数据源上的分布查询计算、中介器技术、数据融合技术以及增量维护等方面的挑战。与传统数据库系统不同，异构数据源处理体系结构在 Web 环境中呈现出与众不同的特点，主要是由于 Web 数据的独特性。

传统数据库系统通常采用 C/S 结构，其中客户端向服务器发送查询请求，服务器进行查询处理并将结果返回给客户端，形成密切的客户与服务器之间的联系。然而，在 Web 信息源集成系统中，旨在实现用户统一查询机制，通过统一的方法访问不同数据源的数据，类似于一个庞大的数据库系统。这就要求异构数据源处理体系结构与传统数据库系统有所不同，以适应 Web 数据的特性。

Web 信息集成系统的体系结构可以分为两大类：数据仓库法和虚拟法。

1. 数据仓库法

数据仓库法引入了数据仓库作为客户端与数据源之间的中间层，用于存储待集成的数据。系统提供了对数据仓库的查询机制，以支持数据集成和决策支持查询。数据仓库法的优点在于其灵活性，能够适应不同的需求和数据源。然而，该方法也存在一些缺点，比如数据更新的不及时性以及可能发生的重复存储。在 Web 信息源的数据发生变化时，数据仓库需要相应进行修改，因此需要有效的数据加载和增量更新维护技术，以确保数据的及时性和准确性。

2. 虚拟法

虚拟法（中介器法）与数据仓库法的结构截然不同。在虚拟法中，数据仍然存储在各个 Web 数据源上，而系统通过虚拟集成系统提供集成视图和查询处理机制。这种系统具有自动将用户查询请求转换成各异构数据源的查询的能力，实现了高度自治和异构数据源多且更新变化快的集成。虚拟体系结构技术是关键的，涉及查询代数操作，与传统的数据服务器技术存在本质的不同。在虚拟法中，中介器的职责仅限于将查询发送到适当的数据源上，而不实际存储数据。这种设计使得系统能够灵活地应对不同的数据源，而无需将数据集中存储在一个地方。中介器在这里扮演关键的角色，确定有用的数据源、执行查询变换以及生成全局执行计划。因此，虚拟法的研究主要集中在虚拟方法的开发上，以实现对异构数据源的高效整合。

在异构数据源集成的过程中，首要任务是设计一个公共模型，用于表示不同 Web 数据源的数据。考虑到数据的多样性，需要进行数据转换，将各种数据格式统一成集成系统可以处理的格式。为了实现这一目标，定义了公共模型上的基本运算，这有助于确保数据在整合过程中的一致性和有效性。虚拟法需要实现从公共模型操作到各数据源操作的自动转换，以便无缝地进行数据集成和查询处理。

参考文献

[1] 吴杰 . 分布式系统设计 [M]. 高传善，译 . 北京：机械工业出版社，2001.

[2] 陈蓓，刘文涛，邓琼 . 银行业分布式数据库设计实务 [M]. 北京：机械工业出版社，2023.

[3] 陈建荣，严隽永 . 分布式数据库设计导论 [M]. 北京：清华大学出版社，1992.

[4] 戴小平 . 数据库系统及应用 [M]. 合肥：中国科学技术大学出版社，2010.

[5] 戴忠健 . 分布式计算机控制系统 [M]. 北京：北京理工大学出版社，2020.

[6] 董明，罗少甫 . 大数据基础与应用 [M]. 北京：北京邮电大学出版社，2018.

[7] 杜建强，胡孔法 . 医药数据库系统原理与应用 [M]. 北京：中国中医药出版社，2017.

[8] 杜振华，冯连成 . 分布式数据库系统原理与设计 [M]. 西安：陕西电子出版社，1987.

[9] 高红云 . 分布式数据库技术 [M]. 呼和浩特：内蒙古大学出版社，2008.

[10] 顾君忠，贺樑，应振宇 . 分布式数据库技术 [M]. 武汉：华中科技大学出版社，2021.

[11] 郭得科，朱晓敏，周晓磊，等 . 对等网络的拓扑结构及数据驱动路由方法 [M]. 北京：科学出版社，2018.

[12] 韩健 . 分布式协议与算法实战攻克分布式系统设计的关键难题 [M]. 北京：机械工业出版社，2022.

[13] 胡艳丽 .Oracle 10g 数据库概述 [M]. 长沙：湖南大学出版社，2019.

[14] 贾焰 . 分布式数据库技术 [M]. 北京：国防工业出版社，2000.

[15] 姜翠霞 . 数据库系统基础 [M]. 北京：北京航空航天大学出版社，2009.

[16] 雷光复 . 面向对象的新一代数据库系统 [M]. 北京：国防工业出版社，2000.

[17] 李爱武 .Oracle 数据库系统原理 [M]. 北京：北京邮电大学出版社，2007.

[18] 李海翔 . 分布式数据库原理、架构与实践 [M]. 北京：机械工业出版社，

2021.

[19] 李建敦.大数据技术与应用导论 [M].北京：机械工业出版社，2021.

[20] 李娟.分布式数据库数据复制技术研究 [M].青岛：中国石油大学出版社，2007.

[21] 李瑞轩，卢正鼎.多数据库系统原理与技术 [M].北京：电子工业出版社，2005.

[22] 李真，孙双林.Oracle 数据库管理与开发 [M].重庆：重庆大学出版社，2019.

[23] 刘春.大数据基本处理框架原理与实践 [M].北京：机械工业出版社，2022.

[24] 刘德春.数据库系统原理与应用 [M].武汉：湖北人民出版社，2003.

[25] 刘晖，彭智勇.数据库安全 [M].武汉：武汉大学出版社，2007.

[26] 倪超.从 Paxos 到 Zookeeper 分布式一致性原理与实践 [M].北京：电子工业出版社，2015.

[27] 宁洪，赵文涛，贾丽丽.数据库系统原理 [M].北京：北京邮电大学出版社，2005.

[28] 欧阳京武，王辽生.分布式数据库系统概论 [M].北京：航空工业出版社，1989.

[29] 申德容，于戈.分布式数据库系统原理与应用 [M].北京：机械工业出版社，2011.

[30] 沈记全.数据库系统原理 [M].徐州：中国矿业大学出版社，2018.

[31] 曙东，许桂秋.Hadoop 大数据技术与应用 [M].杭州：浙江科学技术出版社，2020.

[32] 唐东.Web 数据库开发进阶 [M].北京：人民邮电出版社，1999.

[33] 王国仁，于戈.分布并行的对象数据库系统 [M].沈阳：东北大学出版社，2001.

[34] 王倩，阎红.大数据技术原理与操作应用 [M].重庆：重庆大学出版社，2020.

[35] 郭文明.数据库运维 [M].北京：国家开放大学出版社，2019.

[36] 王汝传，徐小龙，韩志杰，等.对等 P2P 网络安全技术 [M].北京：科学出版社，2012.

[37] 王意洁.面向对象数据库的并行查询处理与事务管理 [M].长沙：国防科技大学出版社，2005.

[38] 王志. 大数据技术基础 [M]. 武汉：华中科技大学出版社，2021.

[39] 魏华，夏欣，于海平. 数据库原理及应用 [M]. 西安：西安交通大学出版社，2019.

[40] 文家焱，施平安. 数据库系统原理与应用 [M]. 北京：冶金工业出版社，2002.

[41] 肖宇，冰河. 深入理解分布式事务 原理与实战 [M]. 北京：机械工业出版社，2021.

[42] 谢立，孙钟秀. 分布式数据处理 [M]. 北京：国防工业出版社，1990.

[43] 邢小良.P2P 技术及其应用 [M]. 北京：人民邮电出版社，2008.

[44] 熊江，许桂秋.NoSQL 数据库原理与应用 [M]. 杭州：浙江科学技术出版社，2020.

[45] 杨成忠，郑怀远. 分布式数据库 [M]. 哈尔滨：黑龙江科学技术出版社，1990.

[46] 杨德元. 分布数据库管理系统概论 [M]. 北京：清华大学出版社，1987.

[47] 姚春龙. 数据库系统基础教程 [M]. 北京：北京航空航天大学出版社，2003.

[48] 姚树春，周连生，张强，等. 大数据技术与应用 [M]. 成都：西南交通大学出版社，2018.

[49] 于戈，申德荣. 分布式数据库系统 大数据时代新型数据库技术 [M]. 北京：机械工业出版社，2016.

[50] 余建国. 数据库原理与应用 [M]. 成都：电子科技大学出版社，2016.

[51] 袁景凌，熊盛武，饶文碧.Spark 案例与实验教程 [M]. 武汉：武汉大学出版社，2017.

[52] 臧文科，乔鸿，许文杰. 数据库理论与应用 [M]. 西安：西安交通大学出版社，2015.

[53] 张程. 分布式系统架构 [M]. 北京：机械工业出版社，2020.

[54] 张翀，葛斌，肖卫东，等. 分布对等环境中的时空查询技术 [M]. 长沙：国防科技大学出版社，2018.

[55] 张春红，裘晓峰，弭伟，等.P2P 技术全面解析 [M]. 北京：人民邮电出版社，2010.

[56] 张健沛. 数据库原理及应用系统开发 [M]. 北京：中国水利水电出版社，1999.

[57] 张军，李宁. 分布式系统技术内幕 [M]. 北京：首都经济贸易大学出版社，

2006.

[58] 张哲 . 基于 P2P 技术的个人数字图书馆资源共享研究 [M]. 长春：东北师范大学出版社，2012.

[59] 赵文涛 . 数据库系统原理 [M]. 徐州：中国矿业大学出版社，2006.

[60] 赵宇兰 . 分布式数据库查询优化研究 [M]. 成都：电子科技大学出版社，2016.

[61] 周志明 . 凤凰架构 构建可靠的大型分布式系统 [M]. 北京: 机械工业出版社，2021.

[62] 朱海滨 . 分布式系统原理与设计 [M]. 长沙：国防科技大学出版社，1997.

[63] 杨洲 . 分布式数据库中数据分配策略的研究 [D]. 哈尔滨工程大学，2007.

[64] 张淑珍 . 分布式数据库中垂直分片算法研究 [D]. 西安工程大学，2007.

[65] 姜爱福 . 分布式数据库系统查询优化技术 [D]. 湖南大学，2005.

[66] 李兴勇 . 一种多平台分布式数据库备份恢复机制的研究 [D]. 合肥工业大学，2007.

[67] 杨晶，刘天时，马刚 . 分布式数据库数据分片与分配 [J]. 现代电子技术，2006，18：119–121.

[68] 杨志伟 . 分布式数据库系统的查询优化 [J]. 内蒙古科技与经济，2008，6：211–213.

[69] 姚梅 . 分布式数据库中数据复制及数据分片的应用 [J]. 电脑知识与技术，2011，7（36）：9328–9329.

[70] 周文莉，吴晓非 .P2P 技术综述 [J]. 计算机工程与设计，2006（1）：76–79.

[71] 洪成斌 . 数据库大数据分布式存储技术研究 [J]. 山东农业工程学院学报，2019，36（12）：30–31.

[72] 李国禄 . 分布式数据库系统中的查询处理 [J]. 青海师专学报（教育科学），2005（S3）：2.

[73] 李英 . 浅谈分布式数据库系统查询优化 [J]. 电脑知识与技术，2010，6（4）：790–792.

[74] 刘阳娜 . 基于 NoSQL 数据库下空间大数据分布式存储策略的分析 [J]. 数字技术与应用，2018，36（02）：77

[75] 宁华华，王慧 . 分布式数据库的复制和分片 [J]. 电脑知识与技术，2009，5（19）：5088–5089.

[76] 石小艳 . 分布式数据库中的查询策略与查询优化 [J]. 科技信息，2010（30）：

244-245.

[77] 王春晓，杨立国，赖杰贤 . 分布式数据库数据复制技术的研究 [J]. 中山大学学报（自然科学版）.2009，48（S1）：366-368

[78] 王磊 . 分布式数据库中数据复制及数据分片的应用 [J]. 科技信息，2009（14）：202.

[79] 王球，李立新，张绍月，等 . 基于快照隔离的分布式数据库同步协议研究与实现 [J]. 计算机应用研究，2012，29（8）：3012-3017.

[80] 王书爱 . 分布式数据库系统的查询优化策略 [J]. 宁波职业技术学院学报，2008，12（2）：57-59.

[81] 忻禾登 . 基于 NoSQL 数据库的大数据查询技术 [J]. 信息记录材料，2016，17（4）：56-58.